WEIGUAN SHIJIAO XIA
SHANDI ZAIHAI ZHUTI YINGDUI XINGWEI
YU JIZHI YANJIU

微观视角下

山地灾害主体应对行为与机制研究

主　编　彭　立

副主编　徐定德

四川科学技术出版社

图书在版编目(CIP)数据

微观视角下山地灾害主体应对行为与机制研究/彭立，徐定德主编.—成都：四川科学技术出版社，2019.11
ISBN 978-7-5364-9643-9

Ⅰ.①微… Ⅱ.①彭…②徐… Ⅲ.①山地灾害－应急对策－研究 Ⅳ.①P694

中国版本图书馆CIP数据核字（2019）第251162号

微观视角下
山地灾害主体应对行为与机制研究

主　　编	彭　立
副 主 编	徐定德
出 品 人	钱丹凝
责任编辑	罗小燕
封面设计	墨创文化
责任出版	欧晓春
出版发行	四川科学技术出版社
	成都市槐树街2号　邮政编码 610031
	官方微博：http://e.weibo.com/sckjcbs
	官方微信公众号：sckjcbs
	传真：028-87734039
成品尺寸	185 mm×250 mm
印　　张	12.5　字数 250千字
印　　刷	四川华龙印务有限公司
版　　次	2019年11月第1版
印　　次	2019年11月第1次印刷
定　　价	98.00元

ISBN 978-7-5364-9643-9

邮购：四川省成都市槐树街2号　邮政编码：610031
电话：028-87734035

■ 版权所有　翻印必究 ■

主编

彭 立

副主编

徐定德

编委成员

王旭熙 谭 静

序

山地灾害对山区的基础设施、人类生命财产以及生态环境具有极大的破坏作用，严重影响着人类生存与经济社会发展。中国山区约占国土面积的72%，地质地貌条件复杂，滑坡、泥石流、崩塌等山地灾害活动强度和爆发规模位居世界前列，特别是山地灾害的链生影响日益明显。与国外相比，中国山区最大的特点就是人口和聚落众多，与灾害的伴生现象极为普遍，这也增加了灾害的暴露度。近年来，甘肃"8·7"舟曲泥石流、四川茂县"7·27"滑坡、贵州纳雍"8·28"滑坡等重大山地灾害事件为公众所关注，各级部门对山地灾害的应对越发重视。但是，频发的极端天气事件以及多种人类工程活动不断影响着地质环境，山区山地灾害难以避免，山地灾害防治工作依然面临着严峻的形势。为此，开展综合山地灾害风险管理是必然选择。

2015年3月18日，第三次联合国世界减灾大会通过了《2015—2030年仙台减灾框架》。该框架的第四项优先行动领域是：加强有助于高效响应的备灾工作，在恢复、复原和重建中致力于重建得更好（built bake better，简称BBB）。BBB通过举措，使脆弱性不再出现，把减轻灾害风险等减灾理念纳入开发中，使得城市和社区具备抗灾能力（韧性），同时生活、环境和生产条件得到改善。联合国国际减灾署（UNISDR）指出，抗灾韧性是指暴露于危险中的系统、社区或社会具有抵御、吸收、适应和及时高效地从危险中恢复的能力，包括保护和恢复其重要基本功能。近年来，随着"韧性城市"理念的提出，如何提高城市系统面对灾害等不确定性因素的抵御力、恢复力和适应力，提升城市规划的预见性和引导性逐渐成为当前国际城市规划领域研究的热点和焦点问题。这也同时为微观视角下抵抗山地灾害制定防灾减灾策略提供了新思路。抵御、吸收、适应、恢复能力被视为韧性系统的主要特征。山地灾害是自然灾害系统中的一类，它的灾害发育明显呈现局地性、潜伏性、突发性、强致死性等特点，迫切需要在社会韧性减灾方面加强其体系建设。

长期以来，国家和政府高度重视山地灾害防治，在相关部门和基层干部群众共同努力下山地灾害防治工作取得了显著成效。其中群测群防体系的建设在山地灾害风险综合管理中取得了显著成效。但在环境变化下，我国山地灾害防治工作仍面临诸多挑战，山地灾害防治形势依然严峻，进一步提升山地灾害防治，对维护公共安全和社会经济发展仍然十分重要。实施乡村振兴战略、加强生态文明建设对山地灾害的防灾减灾工作提出了更高要求。在我国全面建成小康社会的重要阶段，需要把维护公共安全摆在更加突出的位置。

山地灾害风险管理与灾害韧性应对是山地灾害防治的前沿课题。本书主编彭立博士长期从事灾害风险管理、农户生计和聚落等方面的研究，对山区防灾减灾研究方法有独到的理解和创新实践。微观主体是韧性的重要基础，他尝试提出从人本主义的视角开展韧性应灾研究，关注灾害威胁主体对象的意识和行为机制，这是一个非常新奇的视角，研究者需要多方面的知识融合，才能胜任这样的研究与探索，而彭立不仅在人文研究方面有着专业的经验，在灾害的野外调查和灾害发育规律等地貌学方面也有着一定的实践经验和专业积累，这为自然和人文的复合研究提供了重要的知识和实践基础。

《微观视角下山地灾害主体应对行为与机制研究》一书的贡献主要体现在：构建了农户能力-认知-行为选择风险框架，它能够在一定程度上回答居民避灾行为决策的复杂作用机制，也能够为微观视角的韧性应对灾害提供学术回答；探索了灾害威胁区居民的风险认知和地方感的互动机制；整个研究的问卷和词条设计为国内山地灾害威胁区的地方感、风险认知、农户生计等方面的调研提供了有价值的参考。中国是山地大国，山地灾害防治永远在路上，从人文视角来解构灾害风险的应对是一条值得探索的重要研究路径。

总之，灾害韧性应对体系的构建关系着人民的生产、生活，山地灾害影响着山区发展的未来。降低山地灾害风险，减少因灾致贫是山区在经济发展和社会进步中不可或缺的内容。该书的出版对于微观视角下山地灾害防控与管理的研究而言正当其时，为山地灾害威胁区聚落防灾减灾政策制定以及人地关系调控提供了一定的理论探索和决策依据。

国际欧亚科学院院士

2019 年 6 月

前　言

　　我国是山地大国，山区在维系国土安全、生态环境安全和社会经济可持续发展中发挥着举足轻重的作用。然而，由于地质构造复杂、地形起伏大等原因，许多山区的滑坡、泥石流、崩塌等山地灾害事件频繁发生，给聚落居民生命和财产安全带来了巨大威胁。据统计，我国已查明地灾隐患点28万余处，威胁影响人口1 000多万人，财产4 000多亿元，其中西南地区最为严重。尤其是"5·12"汶川地震、"4·20"芦山地震、"8·8"九寨沟地震等重大地震发生后，其灾区的山地灾害呈现更加活跃的趋势。总之，我国是世界上山地灾害最严重、受威胁人口最多的国家之一。因此，减轻山地灾害是构建山区人与自然和谐共存格局，实现山区的全面小康建设和可持续发展的基本保障。

　　近年来，我国防灾减灾能力不断提升，年均避免人员伤亡人数从"十一五"的1万多人增加到"十三五"以来的3万多人，人民群众生命财产安全得到最大限度的保障，也为山地灾害的研究提出了新的要求。目前，在山地灾害的灾害过程机理揭示、风险评价、监测预警、工程防治等方面，学界都取得了重要的进展。近年来，在以往减灾科学研究的基础上，更加强调灾害风险管理，并开始关注灾害主体——人，强调不同主体对潜在灾害产生原因的认识，以便更好地预防、减缓和控制灾害，将造成的损失尽可能减少到最低。

　　人本主义地理学在西方的兴起使得人对地方的体验得到了地理学家的广泛关

注,但是在灾害风险管理领域,人本主义的应用还十分缺乏,尤其是在我国山地灾害应对研究中更显缺失。考虑到山区聚落的演变既是自然格局演化的结果,又是居民集体行为适应性选择的反映,聚落地理的研究应从宏观的空间格局表征转向对于社会关系和个体认同建构的关注上。本研究依托国家自然科学基金和中国科学院STS项目[①]等的资助,开始尝试关注微观视角的韧性应对山地灾害的相关研究。以山地灾害频发的三峡库区为案例区,通过"类型识别+分层等概率抽样+类型识别+聚落抽样"的方法筛选样本区,在村干部的带领下入户做调研和访谈,得到了宝贵的第一手微观调研数据和质性分析资料。我们从农户可持续生计、灾害风险认知和地方感等多重学科视角出发,尝试性地提出农户能力、认知和个人行为决策分析框架,挖掘微观主体的防灾减灾的决策机制,以期为山地灾害威胁区聚落防灾减灾政策的制定提供启示。

从理论上看,本研究是对山区聚落居民地方感认知、地方感内涵和测度体系的必要补充,对其特殊影响机制的揭示也具有一定的理论创新意义,可以拓宽山区"人-地"关系的认知视角,弥补了一般灾害研究中忽略农户主观能动性(农户自身主观的感受、意愿)以及社会科学研究中关于灾害自然本底研究的不足。从现实来看,案例区三峡库区具有重要的生态地位,山区聚落能否安全地应对灾害威胁不仅事关三峡库区自身的可持续发展,其对三峡水库的安全运行和中下游区域经济社会发展也有重大影响,因此,本研究的理论成果和防灾减灾策略对于三峡库区的人地关系调控具有重要的现实意义。

本书是以上研究与应用的总结。本书共7章。第1章,绪论,阐述了研究背景以及韧性减灾的研究进展、研究框架。第2章,数据与研究方法,详细地描述了相关数据来源以及研究方法。第3章,能力与脆弱性分析,主要做了两方面的探索:一是在农户两期收入模型的基础上,借鉴外部风险冲击-内部处理能力分析框架,构建FGLS计量经济模型探究外部风险冲击(尤其是山地灾害冲击)对农户造成的影响及农户内部的处理能力;二是在农户可持续生计和暴露-敏感性-恢复

[①] 中国科学院STS项目:在中国科学院党组的统一部署下,科技促进发展局经充分调研、论证,于2014年3月正式启动了"科技服务网络计划"(science and technology service network initiative,以下简称STS计划)。

前 言

力分析框架指导下,将农户生计资本和社区应对能力耦合进农户恢复力维度测度中。第4章,灾害背景下的个体风险认知与地方感,揭示山地灾害威胁区居民的风险认知和地方感的互动机制。第5章,避灾行为选择的多角度分析,从多维度测度农户的灾害风险认知水平,关注群防群测体系对居民灾害风险认知总体水平及各个子维度的具体影响。第6章,能力-认知-避灾行为选择机制,在前文提出的农户能力、认知和行为决策分析框架的指导下,构建计量经济模型探究农户能力和认知(包括灾害风险认知和地方感)在其搬迁、避灾准备和购买山地灾害保险决策中的具体作用机制。第7章,微观视角下山地灾害韧性应对策略建议与展望,在参考上述研究成果的基础上,提出合理的山地灾害韧性应对策略,并针对当前存在的问题提出了研究展望。

本书中,彭立负责拟定全书的框架、写作大纲,并审定初稿。编写工作分工如下:彭立撰写第1章部分内容和第7章;徐定德撰写第3章和第5章;王旭熙撰写第2章和第6章;谭静撰写第4章和第1章部分内容。此外,硕士研究生黄佩、博士研究生张昊、陈田田协助本书的制图,参与了文字编辑等。

目　录

第1章　绪论 …………………………………………………………… 1
1　研究背景 ………………………………………………………… 1
　　1.1　山地灾害严重威胁着我国山区的安全发展 ……………… 1
　　1.2　灾害风险管理需要多视角的耦合研究 …………………… 3
　　1.3　人本主义在我国山地灾害风险应对中的缺失 …………… 5
2　韧性减灾的研究进展 …………………………………………… 8
　　2.1　灾害风险与韧性理念的提出 ……………………………… 8
　　2.2　韧性实践与研究综述 ……………………………………… 11
　　2.3　微观视角下的灾害应对研究综述 ………………………… 16
　　2.4　待突破环节和需关注领域 ………………………………… 21
3　核心框架与主要研究内容 ……………………………………… 22
　　3.1　研究目的 …………………………………………………… 22
　　3.2　农户能力-认知-行为选择风险框架 ……………………… 23
　　3.3　主要研究内容 ……………………………………………… 24
　　3.4　总体技术路线 ……………………………………………… 26

第2章 数据与研究方法 ·············· 27

1 研究区概况 ·············· 27
1.1 地质地貌 ·············· 28
1.2 气候气象 ·············· 30
1.3 灾害发育 ·············· 32
1.4 土地资源 ·············· 33
1.5 社会经济 ·············· 34

2 数据来源 ·············· 36
2.1 研究区多层抽样 ·············· 36
2.2 问卷和访谈提纲设计 ·············· 38
2.3 问卷质量与特征描述性统计 ·············· 39

3 主要计量模型 ·············· 39
3.1 调节效应 ·············· 40
3.2 中介效应 ·············· 41
3.3 PLS路径分析/SEM ·············· 42
3.4 Logistic/OLS等其他计量经济模型 ·············· 45

第3章 能力与脆弱性分析 ·············· 48

1 农户能力与脆弱性研究评述 ·············· 48
1.1 农户脆弱性 ·············· 48
1.2 农户能力 ·············· 52

2 农户可持续生计资本 ·············· 53
2.1 农户收入两期理论研究模型 ·············· 53
2.2 农户收入两期理论实证模型 ·············· 55
2.3 模型指标的选取及定义 ·············· 56
2.4 描述性统计分析 ·············· 58

2.5　计量经济模型结果 ………………………………………… 60
　3　农户生计/贫困脆弱性 ………………………………………… 63
　　3.1　理论框架及指标选取 ……………………………………… 63
　　3.2　研究方法——熵值法 ……………………………………… 67
　　3.3　农户生计脆弱性描述性统计分析 ………………………… 69
　　3.4　样本村落农户生计脆弱性指数分析 ……………………… 71
　　3.5　样本农户生计脆弱性指数分析 …………………………… 74
　4　研究小结 ……………………………………………………… 77

第4章　灾害背景下的个体风险认知与地方感 …………………… 78
　1　灾害风险认知 ………………………………………………… 78
　　1.1　灾害风险认知的内涵与研究实践 ………………………… 78
　　1.2　灾害风险认知的测度体系 ………………………………… 84
　　1.3　灾害风险认知的描述性统计分析 ………………………… 86
　2　地方感 ………………………………………………………… 89
　　2.1　地方感研究评述 …………………………………………… 89
　　2.2　为什么是地方感 …………………………………………… 97
　　2.3　地方感的描述性统计分析 ………………………………… 99
　3　灾害风险认知与地方感耦合作用机制 ……………………… 102
　　3.1　理论框架与研究假设 ……………………………………… 102
　　3.2　计量经济模型的建构 ……………………………………… 104
　　3.3　实证检验 …………………………………………………… 106
　4　研究小结 ……………………………………………………… 112

第5章　避灾行为选择的多角度分析 ……………………………… 114
　1　避灾行为选择的总体分析 …………………………………… 114

  1.1 居民搬迁行为及其驱动机制 ………………………………………… 114
  1.2 居民避灾准备及其驱动机制 ………………………………………… 117
  1.3 居民购买保险行为及其驱动机制 …………………………………… 118
  1.4 研究述评 ……………………………………………………………… 119
 2 农户保险购买 …………………………………………………………… 121
 3 农户搬迁选择 …………………………………………………………… 122
 4 农户避灾准备 …………………………………………………………… 124
 5 群测群防体系建设 ……………………………………………………… 125
  5.1 群测群防体系介绍 …………………………………………………… 125
  5.2 群测群防体系现状 …………………………………………………… 127
  5.3 群测群防对灾害风险认知的影响 …………………………………… 128

第6章 能力-认知-避灾行为选择机制 ……………………………… 135
 1 农户能力、认知及搬迁行为选择 ……………………………………… 135
  1.1 理论框架与研究假设 ………………………………………………… 135
  1.2 实证检验 ……………………………………………………………… 137
 2 农户能力、认知及灾害保险行为选择 ………………………………… 148
  2.1 理论框架与研究假设 ………………………………………………… 148
  2.2 实证检验 ……………………………………………………………… 149
 3 农户能力、认知及避灾准备行为选择 ………………………………… 153
  3.1 理论框架与研究假设 ………………………………………………… 153
  3.2 实证检验 ……………………………………………………………… 154
 4 研究小结 ………………………………………………………………… 160

第7章 微观视角下山地灾害韧性应对策略建议与展望 ………… 161
 1 中国山地灾害韧性应对的挑战与机遇 ………………………………… 161

2 基于农户能力-认知-行为决策的综合建议 ……………………………………… 162
3 利益相关方的作用及着力点 ……………………………………………………… 166
   3.1 各级政府 ……………………………………………………………………… 166
   3.2 民间及社会力量 ……………………………………………………………… 168
   3.3 学者 …………………………………………………………………………… 169
   3.4 保险公司 ……………………………………………………………………… 170
   3.5 当地居民主体 ………………………………………………………………… 171
   3.6 监测员 ………………………………………………………………………… 171
   3.7 村干部 ………………………………………………………………………… 172
4 未来相关研究展望 ………………………………………………………………… 172

参考文献 …………………………………………………………………………………… 176

第1章
绪　论

1　研究背景

1.1　山地灾害严重威胁着我国山区的安全发展

我国山区面积巨大，占国土总面积近72%，山区人口占全国人口近45%（邓伟等，2013），是中国最重要的国土空间类型之一。山地具有集中而丰富的生物气候垂直带谱，在维持生物多样性、调节区域气候和涵养水源等方面具有重要的生态服务功能，是社会发展的资源基地和重要的生态屏障。然而，部分山区特有的能量梯度和地质构造背景使之成为泥石流、滑坡、崩塌、山洪等自然灾害的发育区，危害严重。据统计，2016年全国共发生山地灾害事件9 471起，其中滑坡事件7 403起、崩塌事件1 484起、泥石流事件584起（国土资源部山地灾害应急技术指导中心，2016）。频繁的山地灾害给山区聚落居民生命和财产安全带来了巨大威胁。与其他致贫因素（如极端气候灾害、医疗开支冲击等）不同，山地灾害（如滑坡、泥石流等）具有隐蔽性、突发性、局地性和强破坏性等特点，山区聚落居民所有的财产和积蓄可能因为一场山地灾害而化为乌有（Xu等，2016）。在我国山地灾害的空间分布上，西部山区尤为严重。以三峡库区为例，已查明的直接威胁人员财产安全的地质灾害隐患点就达1.11万余处（图1-1），其中滑坡隐患点的数量占到了79.60%。在我国西部山区，居民与山地灾害伴生的现象非常普遍，自古就有。总之，山地灾害严重制约了山区人民的生活与经济发展，随着人口和社会财富的增加，风险也随之增加。从我国山区的可持续发展来看，农民的安稳致富、聚落的安全布局与优化、生态系统服务功能的提升都面临山地灾害的威胁，需要我们进行合理的应对。在国家主体功能区的宏观定位下，山区的国土空间多层级优化离不开从风险综合管理的视角对山地灾害采取调查、评价、监测、防治、规划等系统性举措。

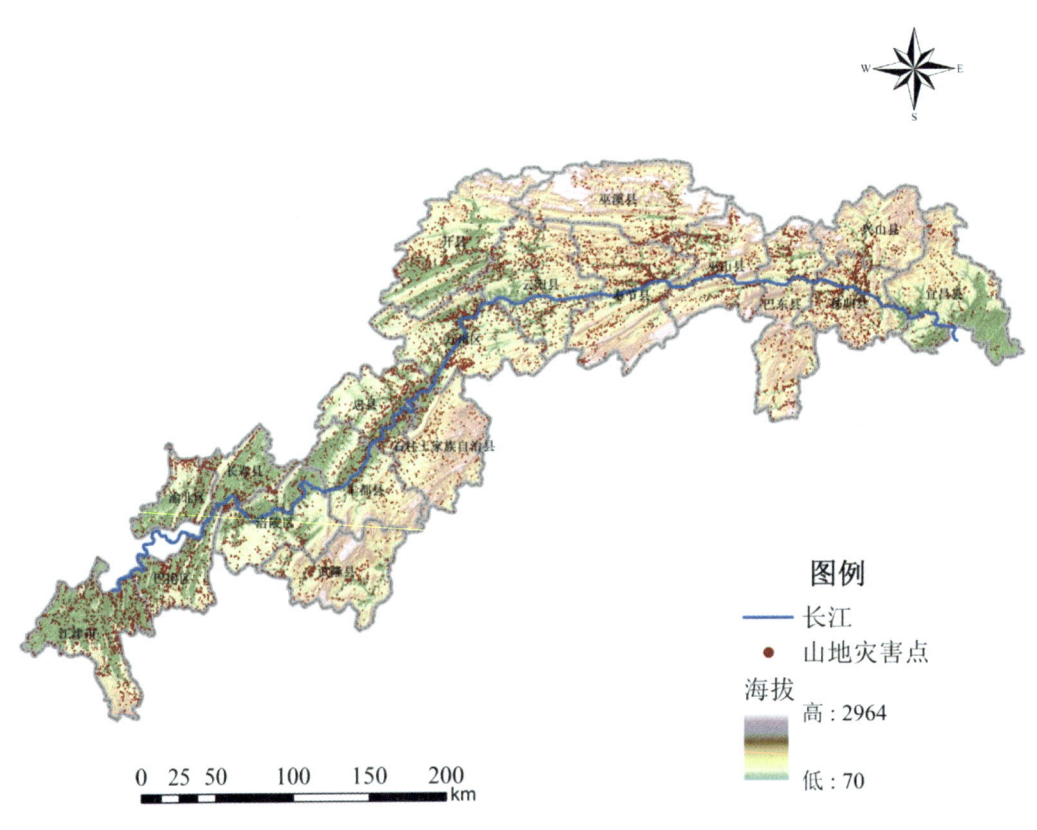

图1-1 三峡库区山地灾害隐患点分布图

第一章 绪 论

1.2 灾害风险管理需要多视角的耦合研究

1.2.1 灾害风险管理内涵的具体要求

灾害风险管理是指在一定存在灾害风险的环境中，通过对各种灾害发生的可能性等自然属性以及由其造成的损失大小等社会属性进行综合分析，采用科学合理地管理方式，构建完善的管理体制机制，最大限度降低区域的灾害风险，减少、减轻灾害对财产乃至生命造成的影响的决策过程。灾害风险管理是预防和减少灾害的有效途径，同时也是土地资源利用与规划的重要依据。灾害风险管理主要涵盖灾害风险评估与灾害风险管控两方面的内容。这就要求在灾害风险管理过程中既要注重灾害风险大小及区划，也要针对不同风险区域制定科学合理的管控措施，进一步有效降低由灾害所带来的直接和间接损失。因此，灾害风险管理应从多视角的角度出发，既要综合考虑孕灾环境的复杂性、致灾因子多元性、承灾体的脆弱性和易损性，也要综合考虑灾害防治与管理的工程技术基础、管理制度基础、政策措施基础以及承载对象（人）的行为基础，将风险管理、防灾管理、抗灾管理、救灾管理统一于灾害风险管理之中（图1-2）。其中风险管理主要包括

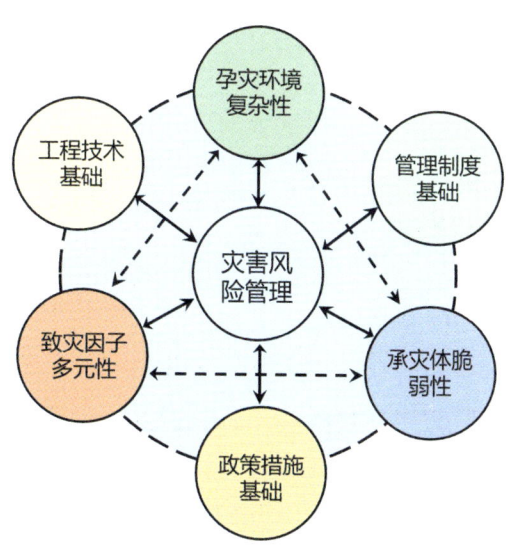

图1-2 灾害风险管理系统

灾害风险识别、监测评估、模拟、预警；防灾管理包括监测、预警、预案、教育训练管理；抗灾管理包括减灾工程、评估、措施、技术管理；救灾管理包括灾情、救助、救济、储备等环节。在整个灾害风险管理体系中，政府部门（国家、省、市、县、乡）、专家、风险对象（居民）、志愿者协会、利益相关方等处在不同的角色定位中，需要协同考虑各方的权力、利益和自身特点，才能实现风险的有效管理。通过多视角的耦合，以防为主，防抗救相结合，才能构建与经济社会发展相适应的灾害风险管理体制机制，实现综合的灾害风险管理，维护人民的生命财产安全。

1.2.2 多类型山地灾害风险管理的现实需求

山地灾害主要是指滑坡、泥石流、崩塌、危岩、堰塞湖、山洪等发生在山区的自然灾害。不同类型的山地灾害形成机理比较复杂，各自风险管控的侧重也不尽相同。山地灾害的复杂性迫切要求山地灾害风险管理展开多视角、多维度的研究。宏观层面的山地灾害风险管理主要是针对大区域或者国家范围内的山地灾害风险管理的共同性机制与措施展开研究。通过前期实地调研，把控区域灾害现状，采用相关技术开展灾害风险评估与监测，进行灾害风险区划与预测，进而采取相应的工程防治措施，优化和调控空间利用，降低灾害风险。微观层面的山地灾害风险管理更需侧重不同地域特征、不同山地灾害类型的形成机理、防控措施、灾害损失，其研究更具针对性和细致性。遗憾的是，目前的灾害风险管理多以宏观角度展开研究，以专家、政府尤其是行业管理部门的视角居多，而微观主体角度的研究比较缺乏。灾害风险管理不仅要从政府、行业管理部门视角出发，还应综合考虑个体、家庭、农户、聚落、村庄、社区等微观视角的灾害风险防控与管理。其中，群测群防体系是微观灾害风险管理的重要手段，是指在灾害易发区内已知灾害隐患点建立的群众性防灾减灾工作体系。已有的经验证明，在山地灾害频发的山区，群策群防体系是成功预报、避让山地灾害、降低灾害风险和损失最有效的方式之一。因此，灾害风险管理研究应实现宏观视角与微观视角相统一，针对多灾种着力构建差异化的风险管理综合体制机制，提升灾害风险管理水平，在这个过程中全面推动社会经济的可持续发展。

第一章 绪 论

1.3 人本主义在我国山地灾害风险应对中的缺失

受现象学与存在主义哲学思潮的影响,20世纪70年代,人文地理学界开始了对客观性、理性与逻辑实证主义的反思。1976年,段义孚在《美国地理学家协会会刊》发表的论文中首次使用了"人本主义地理学"(mumanistic geography)这一名称。他在文章的概述中这样写道:"人本主义地理学关注人类自身状况,因此,人本主义地理学并非地球科学,但却从属于地理学,因为它所反映的各种现象与地理学学科的其他分支息息相关。"随着以段义孚为代表的人本主义地理学的兴起,人对地方与空间的体验与感觉得到了地理学家的广泛关注。人本主义思潮带动了对逻辑实证主义知识体系进行批判的一系列理论的出现,人本主义地理学是其中之一(图1-3)。

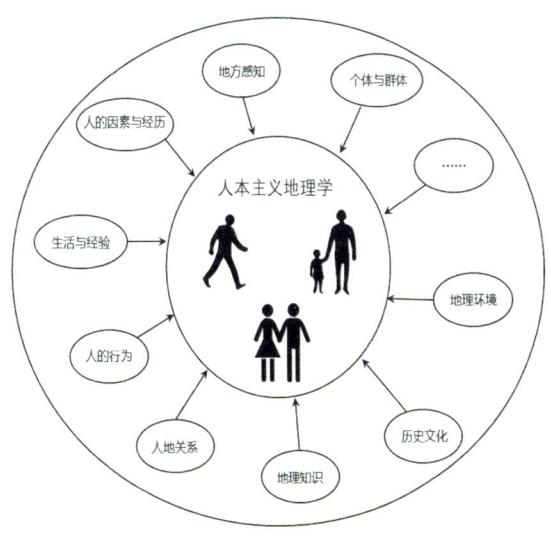

图1-3 人本主义地理学研究内容

在人文地理学的重要分支学科——聚落地理学方面,在众多哲学思潮(如人本主义地理学)的影响下,西方乡村地理学研究范式从空间分析逐渐向社会和人

- 5 -

文方向转型。Ley（1978）等关于影像收集的研究以及Tuan（1979）对恐惧景观的分析，都已经关注到了地方与人类生活的情感问题。过去40年来，人本主义思想在地理学、城市规划与环境心理学领域被广泛运用到对生活世界的描述中，人的主观体验在研究中的地位也得到确认。但是，从整体来说，其目前在学科中依然是小众的存在。

目前，人本主义在人文地理学领域中一个重要的研究视角是地方感。由于地方是作为承载人的社会关系和经历的社会文化空间，蕴含着人类丰富的情感，因此一些学者提出了用于表征人地情感联系的恋地情结、地方感、地方认同和地方依恋等术语。国内外相关研究多关注旅游者、移民等群体的地方感对个体行为选择的影响。如Kobayashi（2011）等以加拿大的中国香港移民为例，分析了地方感如何塑造跨国的习惯和身份认同，揭示了情感因素在跨国主义与地方重构中的作用。Liu（2014）则研究了新西兰的中国新移民对家、身份认同和社会空间的重新定义与协商。Kearney（2009）等从后殖民主义视角，研究了澳大利亚殖民时期对土著地区地名的修改所留下的情感债务。他认为，原始地名一方面成为部落维系祖先记忆和地方叙事的情感纽带；另一方面，则唤起了土著居民对家园失落的悲痛感，地名背后也隐藏着情感与权力的复杂关系。唐文跃等（2007）以九寨沟为研究案例，通过构建旅游者地方感模型探究旅游者地方感特征。尹立杰等（2012）在已有理论基础上，构建了"地方感-发展期望-影响感知"理论模型，并进一步探究了农户对乡村旅游影响的感知。

在灾害风险管理领域，人本主义的应用还相对缺乏（图1-4）。Tuan（1977）在书中提到普鲁瓦特人把自己和其居住的海岛在海洋中定位。他们认为海洋把许多岛屿连成一体，形成了海路网，而不是无标记的可怕水面。由此，他们"通过对海上空间的征服……使得社区更有效地抵抗自然灾害，例如常常困扰太平洋岛民的台风"。这说明地方/场所（place）、空间（space）和景观（landscape）的社会构建对自然灾害的应对有重要意义。国外学者在人本主义思想的影响下比较注意从人的环境心理、行为方面来研究人地关系问题。Bob Mckercher和CandaceFu探讨了中国香港东北部旅游型海岛塔门洲居民不因为该岛环境恶化而离开却选择仍留在该岛的原因，发现传统的社会网络、地方感以及对故居的眷恋对当地人地关系和谐起着稳定作用。随着近十年来社会文化地理研究的不断创新，国内相关领域已经由宏观研究逐渐转入中观和微观研究。然而，就灾害与地方为话题而展开的研究尚显缺乏。学者们更多地关注历史时期灾害的时空分布，或是关于地震灾后重建区人居环境、土地资源和人口容量的研究，且总体上仍偏重于宏观区域分析的特点，多进行定性分析或以大尺度的统计数据进行定量分析，对自然灾害管理与主体适应的研究较少，缺乏人本主义地理学在灾害学中的微观实践。此外，国内学者通常以地震灾害、干旱、洪水作为研究灾种，少有学者关注滑坡、泥石流等山地灾害威胁下的人的行为、意识、能力等方面的研究。

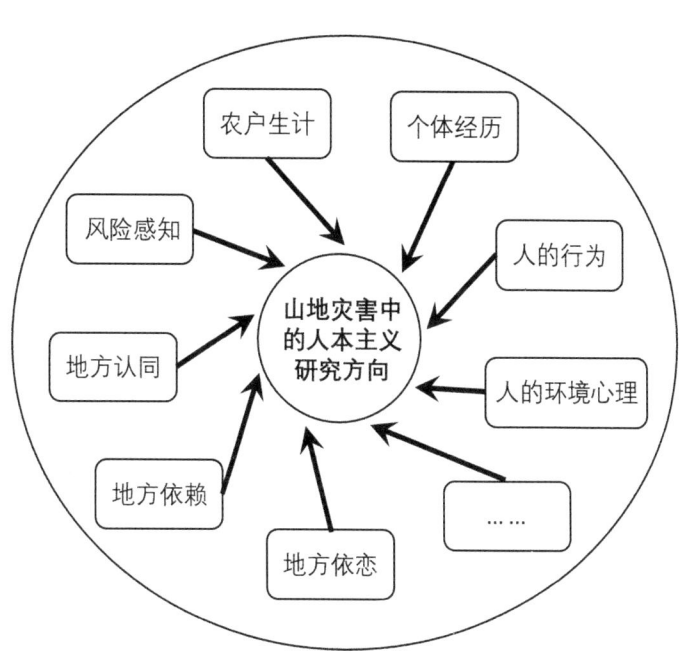

图1-4 山地灾害中的人本主义

事实上，作为乡村聚落的一种，山区聚落具有可达性差、生态环境脆弱以及社会经济水平低下等特点。当前山区聚落发展面临着生态限制大、开发成本高效益低、传统惰性大等问题，要实现山区聚落生态、经济、文化的协调发展，开展学科交叉和综合性分析是乡村聚落研究的必然要求。国内外针对中国山区聚落的研究大都分别从山地灾害、聚落生态位、空间布局以及农户生计等角度进行，鲜有从山区聚落居民主观意识、能力层面对山地灾害行为进行定量研究。

综上，人本主义在我国山地灾害应对中的研究仍显缺失。考虑到山区聚落的演变既是自然格局演化的结果，又是居民集体行为适应性选择的反映，聚落地理的研究应从宏观的抽象过程表征转向对于社会关系和个体认同建构的关注上。本书的立意正是呼应这一需求所完成的，以期引起大家对人本主义视角下的灾害应对的关注。

2 韧性减灾的研究进展

2.1 灾害风险与韧性理念的提出

"风险"一词的来源可以追溯到远古时期，渔民打鱼遇上刮风的天气就意味着有危险，故称之为风险。风险是对不确定性结果的一种度量，其字面含义是指生命伤亡与财产损失出现的可能性。对于风险的研究最早见于19世纪末的西方经济学的保险金融业中，最常用的含义主要有两种：一种是指某个客体遭受某种伤害、损失、毁灭或其他不利影响的可能性；一种是某种可能发生的危害。20世纪30年代，研究者们就开始关注风险分析，风险逐渐被应用到了地质工程及灾害科学领域，灾害风险的研究由此开始。20世纪90年代以来，灾害风险及其管理在防灾减灾领域得到前所未有的关注。综合来看，不同学者对灾害风险的定义有着不同的见解，国际上一直没有形成统一的认识。国内外学者们对灾害风险的定义主要集中在生命财产和经济活动期望损失、事故发生概率和受损程度、危险性和易损性的函数、损失的可能性等方面。不同定义所反映的侧重点是有差异的，有"加和论""乘积论""单值论"等。联合国人道主义事业部于1991年公布的自然灾害风险定义和计算公式为：

灾害风险（risk）= 危险性（hazard）× 易损性（vulnerability）　　（1.1）

该计算方法曾得到研究者们的广泛认同。而近年来越来越多的学者认为，风险是对不确定事件的一种度量，本质是一个概率问题。灾害风险可以表达为发生概率与易损性的乘积，公式如下：

灾害风险（risk）= 概率（probability）× 易损性（vulnerability）　　（1.2）

风险红绿灯模型见图1-5。

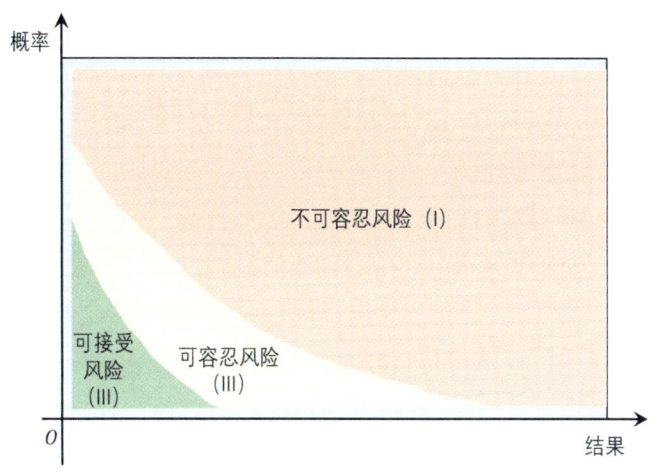

图1-5　风险红绿灯模型

整体而言，灾害风险可以看作是在特定的时间和空间范围内的灾害所造成的损失及其发生可能性的大小。灾害风险系统由致灾因子、孕灾环境和承灾体共同构成，灾害危险性、暴露性、脆弱性共同揭示了灾害风险。

"韧性"（resilience）一词源于拉丁语"resillo"，译为跳回（回到原来的状态）。关于韧性的研究较风险研究稍晚，最早由Resilience应用于心理学和力学领域。在生态学领域，生态学家霍林（Holling）于1973年创造性地将其引入生态系统的研究中，其概念和内涵获得了学界的广泛响应。20世纪90年代以来，学者对韧性的研究逐渐从自然生态学向其他学科延展，被用来定义生态系统稳定状态的特征。随后，它越来越多地应用于其他领域，包括自然灾害和风险管理、危害、气候变化适应等研究方面，其内涵不断得到丰富。在灾害研究领域，地震工程综合研究中心将"韧性"这一概念定义为"系统在地震发生时减少震动的可能并吸收震动、地震发生后及时恢复的能力"。Bruneau等人通过对地震灾害时社区韧性的研究，将社区韧性定义为"社区吸收破坏并迅速恢复的能力"；将韧性系统划分为包括经济、社会、工程、组织四大相互关联的子系统，并提出冗余度、坚固性、迅速度以及谋略性等韧性的四大特性。21世纪，"韧性"在灾害管理中的应用不断扩展。2005年，世界减灾大会(WCDR)的成果证实了将"韧性"一词引入灾害话语的重要性，并提出了"灾害响应"的理念。联合国国际减灾署（UNISDR）指出，灾害韧性是指暴露于危险中的系统、社区或社会具有抵御、吸收、适应和及时高效地从危险中恢复的能力，包括保护和恢复其重要基本功能。灾害韧性的概念基本涵盖了三个要素：一是具备减轻灾害影响的能力，二是对灾害的适应能力，三是从灾害中高效恢复的能力。近十年来，防灾工作越来越重视受灾对象不依靠或少依靠外部援助而"反弹"或恢复的能力，这需要在城市规划、风险控制、人道主义救援和可持续发展政策等工作中，将韧性理念加入其中（图1-6）。

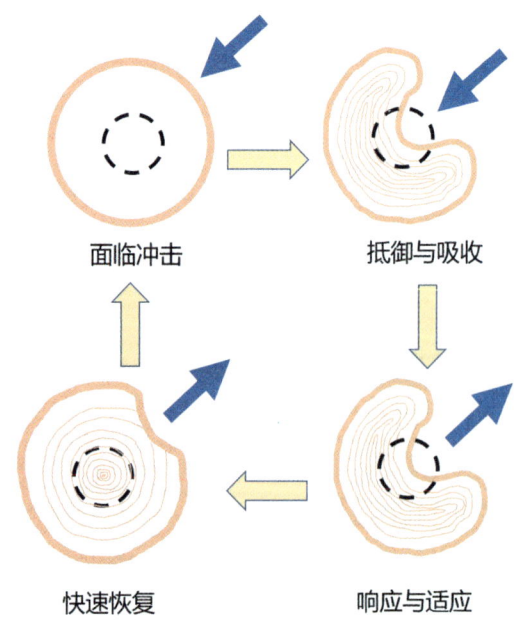

图1-6 韧性理念导图

2.2 韧性实践与研究综述

在社会科学领域中，大多数学者认为韧性是社会系统抵御、吸收、适应外部不利事件的冲击并能重新组织其结构和恢复其功能的能力。因此，抵御、吸收、适应、恢复能力被视为韧性系统的主要特征，为韧性系统的评估计算奠定了基础。在面对灾害的情况下，韧性系统与一般系统恢复性的差异如图1-7所示，在通常情况下，系统的性能波动较小且趋于平稳。与一般系统相比，韧性系统更具灵活性与适应性，其对于灾害或风险的承受能力更强，且系统恢复时间更短。当灾害或风险对系统发起冲击，系统内的各部分能够将冲击进行分散削减，从而有效地应对冲击；在系统中最为重要的管理方面，对系统内部的资源可以进行高效、及时的补充。

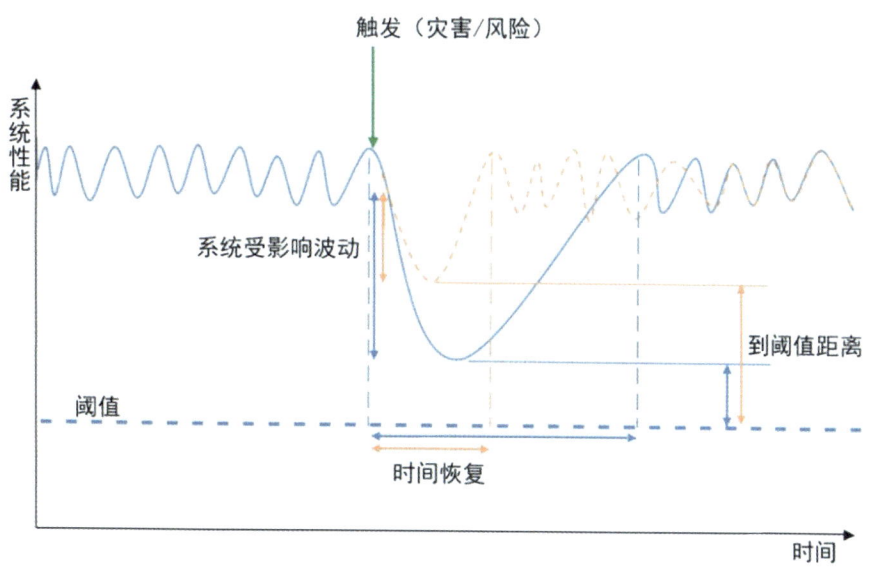

图1-7 韧性系统与一般系统恢复性差异

国外在韧性减灾方面的研究比国内早。20世纪90年代，"韧性"首次作为一个术语被引入城市规划领域，最先出现在城市灾害研究之中。城市作为包含众多子系统的复合生态系统,在其形成以来便持续受到源自自身及外部的冲击和扰动。随着韧性理论研究热度的升温,韧性概念也随之增多,如城市韧性、灾害韧性、城市灾害韧性等(图1-8)。国外学者从经验借鉴、理论演绎到实证分析,构建了一个个理论分析框架与研究体系雏形,为进一步深化相关研究提供了良好基础。除了灾害韧性概念的研究,其研究内容还包括理论框架、指标体系、评价模型、应对策略等方面。就灾害韧性的研究尺度而言,多集中于城市灾害韧性和社区灾害韧性,尤其是社区灾害韧性。在研究内容上,灾害韧性评价一直是重点内容。现有的评价指标体系主要包括工程型和综合型两大类。确定衡量灾害韧性的指标和标准仍然是一项挑战,其评价方法较多,包括层次分析法、数据包络分析法、神经网络分析法、状态空间法、社会网络模型和恢复力长度法等。同时,学者们越来越注意灾害韧性与灾害脆弱性之间的关系,围绕灾害韧性与脆弱性展开了较多的研究。此外,灾害韧性的研究内容正不断扩展,与可持续发展、气候灾害韧性、儿童适应力、市政服务需求、志愿地理信息(VGI)、大数据等相结合的研究逐渐增多,丰富了灾害韧性的研究领域。

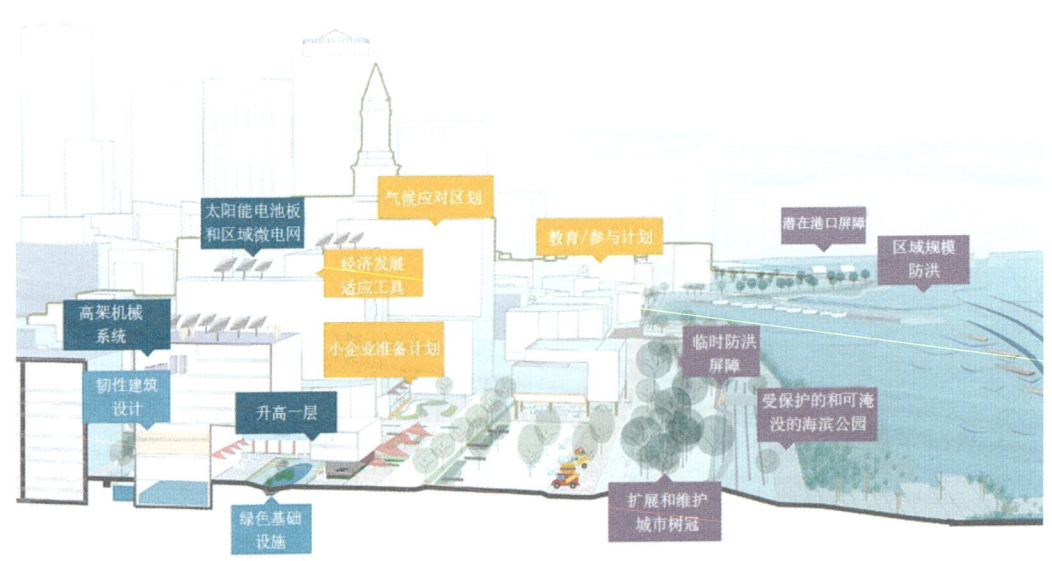

图1-8 城市韧性示意图

(源于建构全球韧性城市:波士顿气候变化应对策略)

第一章 绪 论

在韧性理念的应用方面,许多国家逐渐开始重视并转化为实践行动(表1-1)。日本在韧性城市规划建设方面一直走在国际的前列,其开展韧性研究及相关规划实践起步较早,并于2013年出台了《国土强韧化基本计划》,同时建立了完善的规划体系、法治基础和行政体系。日本国土强韧化已上升到国家政策高度,并由国家主导,在全国推广:都道府层面的规划已经基本编制完成,市区村层面的规划已经启动。在澳大利亚,澳洲城市的适应行动将提升城市韧性作为切入点,其目的是将应对气候变化融入城市和部门的政策规划当中。2008年,澳大利亚成立了国家气候变化适应研究机构(简称"NCCARF"),目的是推动研究协作以及知识共享,培养澳洲学术研究基础力量并提供决策支持。美国于2013年制订的纽约适应性计划在应对气候变化所带来的问题的同时,还重点强调增加城市韧性,明确解释了"韧性"的含义:一是能够从变化和不利影响中反弹的能力,二是对于困难情境的预防、准备、响应及快速恢复的能力。报告主要涵盖"桑迪"飓风及其影响、城市基础设施和人居环境、气候分析、社区建设以及韧性规划、资金投入、实施手段等内容。可见纽约适应计划是以建设韧性城市为理念,从而全面构建城市气候防护体系。在英国,为了应对持续的洪水、干旱和极端高温天气,2011年10月伦敦市发布了《管理风险和增强韧性报告》。在完善组织机制及相关规划方面,伦敦建构了伦敦气候变化公司协力机制,并在此基础上出台了《英国气候影响计划》。此外,伦敦市还编制了《管理风险与适应规划》来应对突发事件所产生的影响。为了进一步提升城市抗灾的韧性,英国还推动全民行动,从而全面发动社会各个组成部分的主动性,并提供集体行动框架。

表1-1 国际上韧性实践相关举措

国家及城市	名称	时间	目标	主要内容
美国波士顿	波士顿气候变化应对策略	2011	建成更强而有力且能抵御气候变化的韧性城市	包括气候项目共识、灾害影响评估、抗灾计划三部分,为各个社区应付灾害与建立联系,保护海岸地区,提升基础设施和建筑物抗灾力和适应力
美国纽约	纽约适应性计划	2013	提高城市韧性,增强城市气候适应性	城市政府、科学界和公众同舟共济制订了适应性规划,明确城市的脆弱性和风险领域,增强城市基础设施建设,建立城市灾害应对机制,对韧性措施进行多方位投入

续表

国家及城市	名称	时间	目标	主要内容
英国伦敦	管理风险和增强韧性	2011	提高城市应对极端天气事件能力,提高市民的生活质量	评估伦敦可能发生的重大灾害事故风险的应对能力,并提出具体行动计划,制定政策跟踪与评估机制
日本	国土强韧化计划	2013	构筑强大而有韧性的国土和经济社会	确立防灾对策,整合自助、共助、公助各类救助资源的关系,完善规划体系、法治基础和行政体系,优化防灾资源,包括国家层面、都道府层面、市区村层面的规划
南非德班市	适应气候变化规划:面向韧性城市	2010	建成为非洲最富关怀、最宜居城市	通过洪水管理、适应性浮动防洪闸及浮动房屋等手段应对全球变暖所带来的海平面上升威胁
荷兰鹿特丹	鹿特丹气候防护计划	2008	建成世界最安全的港口城市	涉及领域主要包括:洪水管理,船舶和乘客可达性、适应性建筑、城市水系统、基础设施、城市生活质量等
中国北京	北京韧性城市规划纲要研究	2016	提升城市韧性度	从全要素、全过程、全空间三个方面优化风险评估模型;从城市系统和韧性管理两个维度构建了城市韧性度评价体系,并提出提升策略

我国现有的灾害韧性研究比较少,还处于刚起步阶段,主要是借鉴国外的灾害韧性研究理论与方法。目前,我国关于灾害韧性的研究内容主要包括灾害韧性内涵以及评价指标体系的构建,对指标体系的构建提出了众多研究思路。灾害韧性的研究尺度主要涉及城市、区域、社区等。如李亚、翟国方(2017)从经济韧性、社会韧性、环境韧性、社区韧性、基础设施韧性及组织韧性六个方面构建我国的城市灾害韧性评价指标体系,并对全国288个地级市的灾害韧性及其空间差异进行初步研究。此外,李彤玥等(2014)人对中国弹性城市的研究方法进行创

第一章 绪 论

新,从而定量地界定城市弹性指数,并进行城市弹性诊断。俞孔坚等(2015)把韧性理念引入城市水系统,并根据该系统评述了弹性策略和水系统弹性的评价方法。蔡建明等(2012)分别概括韧性城市的理论起源和国外实践,并分析了韧性城市理念及其对于韧性系统的应用进展。

而在韧性减灾应用方面,我国逐渐由韧性城市的概念性转换为实践性,对于防灾减灾以及城市韧性的建设具有十分重要的意义。2011年,以"让城市更具韧性"和"关注城市发展与合作——构建人类宜居和可持续发展城市"为号召的首届防灾减灾市长峰会在四川省召开。会议发起让城市更具韧性行动,《让城市更具韧性十大指标体系成都行动宣言》在会上得到通过。作为"让城市更具韧性运动"框架下的首次重要会议,本次会议推动了我国韧性城市研究向纵深发展。2014年以来,湖北黄石、四川德阳、浙江海盐和义乌先后入选"全球100韧性城市"(洛克菲勒基金会)。这个评选项目希望通过技术、资金上的一系列协助来增加城市自身的韧性,从而帮助世界上灾害频发地从容地应对自然灾害及来自社会发展带来的冲击。而2016年以后,为实现城市防灾减灾规划的目标,城市总体规划编制工作改革试点城市被列入总体规划专题研究。

灾害韧性正持续成为各界学者的研究热点,目前取得了诸多研究成果,其应用与实践也得到进一步拓展,但其研究仍然处于起步阶段,理论框架和研究内容还有待不断丰富和完善。首先,灾害韧性在概念上仍然存在模糊性,其概念还需要进一步厘清与脆弱性、适应性等概念之间的关系。其次,不同研究尺度的灾害韧性尚不完善,目前基本以城市和社区为尺度,缺乏区域(如山区)、省域、国家尺度的灾害韧性研究。同时,由于灾害和承载体的类型和特征都不同,灾害韧性在实际的应用之中很难用一个单一框架建立,并能同时描述个人、群体、社区的灾害韧性模型,这使得灾害韧性在多空间尺度的转换面临着许多困难。最后,灾害韧性并不是一成不变的,随着时间的推移呈现出动态变化特征,具有持续性和动态性,而关于灾害韧性的动态变化及其演变机制的研究还较为缺乏。我们应通过不断完善与拓展灾害韧性的研究内容,为韧性减灾实践提供更加科学的理论基础。

2.3 微观视角下的灾害应对研究综述

2.3.1 微观视角下的灾害威胁特点

1）灾害威胁的复杂性

就山地灾害而言，包括滑坡、崩塌、泥石流、山洪等灾害类型，不同类型灾害的形成机制存在差异，造成的损失和威胁也不尽相同。从微观视角来看，山地灾害的威胁体现在多方面，涵盖了对农田、道路、家庭、聚落、村庄、人的生命等方面产生的重要影响（图1-9）。山区由于地形比较复杂，山地灾害频发，聚落

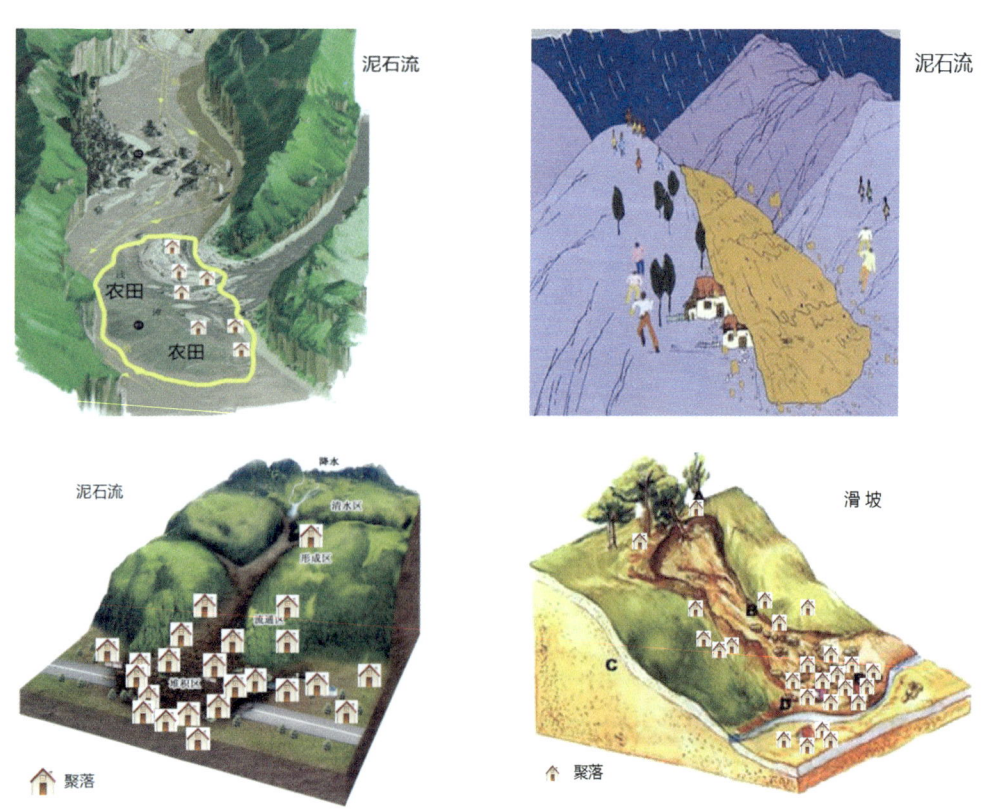

图1-9　山地灾害对农田、家庭、道路、聚落等影响示意图

是受山地灾害威胁的主要承灾体之一。聚落是容纳人员及财产的最主要的场所，重大损失多以聚落的摧毁为前提。而距灾害点不同距离、位于灾害点区域不同位置的聚落所承受的灾害威胁也存在着较大差异。以山区小流域中的泥石流灾害为例，首先从距灾害点的距离而言，距离泥石流灾害点越远的聚落受灾害威胁越小，距离泥石流灾害点越近的聚落受灾害威胁越大。其次，从聚落的空间分布特征来看，小流域下游的泥石流堆积区由于地势平坦开阔，耕地密集，交通便利，是聚落的集中分布区。而泥石流具有流量大、流速快、突发性强、极具破坏力等特点，大量的泥石流物质在此堆积，该区域又是受泥石流灾害威胁最大的区域。泥石流流通区地形多为狭窄陡深的峡谷，沟床纵坡降大，位于流通区两侧的聚落相对较少，因此所受威胁相对较小。小流域上游的泥石流物源区地势较为开阔，山高坡陡，植被生长不良，岩石破碎，有利于水和碎屑物质的凝聚，此区域间聚落分布最少，所受威胁最小。因此，灾害威胁不仅受到灾害类型、孕灾环境、致灾因子等影响，还受到承灾体距灾害点距离、空间分布特征等因素的制约。

2）灾害威胁的深远性

灾害威胁的深远性主要体现在对受威胁主体——人的影响，包括对人的生理、心理和行为方式等方面的威胁。首先，生理威胁是灾害威胁最直接的体现，涵盖对人的生命和身体机能的影响。灾害可直接威胁到人的生命安全，重特大灾害往往会造成难以预估的生命损失。例如，2008年汶川地震造成69 227人遇难，374 643人受伤，17 923人失踪。山地灾害对身体机能的威胁除了死亡外，还有众多的致残等可能性。其次，灾害对人们的心理状态也会产生重要威胁。由于自然灾害具有突发性、毁灭性以及难以预测和预防性，人们在面临灾害的威胁时往往会表现出心理恐慌、担忧、情绪紊乱、行为异常等心理反应特征。在生理本能需要的驱使下，人们极易产生高度惊恐与焦虑不安的心理状态，重大灾害的威胁可使人罹患焦虑、恐惧、抑郁、失眠甚至精神失常等各种心理创伤。其中，经历过灾害事件的居民更易产生恐惧、担忧等心理（图1-10）。最后，由灾害导致的生理威胁和心理威胁会进一步影响人的行为方式，包括生计行为、消费行为、减灾对策等层面。对农户而言，由于受到各种灾害的威胁，其各种决策和行动以灾害感知为基础。农户主要通过调整种植结构和耕作方式、更新品种和技术来规避和有效降低各种灾害的威胁。在消费行为上，一方面，灾害的威胁可能促使居民减少消费，增加储蓄，以应对灾害潜在的负面结果；另一方面，灾害威胁也可能令居民认识到生命是有限的，从而增加消费，将现有的时间和金钱尽可能应用于当前的休闲活动上。在减灾对策方面，主要采取技术措施、生物措施、工程措施等进一步降低灾害的威胁。面临重特大灾害的威胁，搬迁避险措施成为减轻灾害威胁的首选措施。这些都是在山地灾害威胁的背景下，人类的"意识-意愿-行为"的转换影响过程的呈现。

图1-10 灾害影响深远性

3) 灾害威胁的动态性

灾害风险一直处于随着致灾因子、孕灾环境、承灾体的变化而发生动态变化的过程之中，由此带来的灾害威胁也具有动态性。以小流域为例，复杂构造运动与局地小气候的变化促使灾害威胁受地震、暴雨、洪涝、干旱等致灾因子的变化而呈现动态性。同时，随着居民点和基础设施等工程的建设，工程致灾因子也可能会加剧区域内的灾害威胁。再者，降水、气温、植被、土地利用等因素也并不是一成不变的，由此组成的孕灾环境同样具有时空变化特征，灾害威胁的时空分异性较为明显。此外，灾害对人的生理、心理和行为方式产生深远影响，促使人们主动采取相应灾害管理和防治措施以降低灾害威胁，诸如修建防护工程、调整耕作方式、实施移民搬迁、开展群测群防等措施。采取各种减灾措施后，风险水平发生了变化，居民的心理认知和行为决策也会发生相应的动态变化。比如，避灾搬迁后的居民，对灾害风险的认知一定会呈现某种微妙的变化。因此，充分考虑灾害威胁的动态性特征对因地制宜、因时制宜开展灾害管理与防治工作具有重要意义。

2.3.2　微观视角下的灾害应对研究评述

"灾害风险认知"的概念起源于风险认知，其最早由Downs于1970年提出，指个体对灾害风险的特征及严重性做出的主观判断，并采取避灾行为的过程（Downs，1970）。已有实证研究表明，居民只有感知到灾害的威胁才会采取积极的应对措施，故而灾害风险认知与居民的行为响应研究一直也是学者关注的热点。从已有文献来看，居民灾害风险认知及其行为响应在欧美已有多年研究历史，研究内容涉及居民搬迁行为及其驱动机制（Lazo等，2015；Lindell等，2005）、居民避灾准备行为及其驱动机制（Miceli等，2008；Hajito等，2015）、居民购买保险意愿及其驱动机制（Born和Viscusi，2006）等方面。而我国关于这些方面的定量研究还相对较少，相关研究多为简单的描述性统计分析，缺乏系统性的研究。同时，由于灾害风险认知测度标准并不统一，使得灾害风险认知对居民的行为作用结果也不统一。比如，Xu等(2017)发现农户的搬迁行为决策受灾害的威胁性、可能性和可控性影响；Riad等(1999)发现居民避灾行为只与居民对灾害风险的严重性感知显著相关。

"地方感"最早由段义孚于20世纪70年代提出，为我们揭示人-地关系提供了一种新的视角。近年来，随着社会经济的发展及学科间的交叉延伸，地方感的研究对象与研究主题呈现越来越广泛的趋势。从单纯的关注旅游对象逐步过渡到关注自然资源（Kyle等，2003）及社区管理（Salamon，2003），关注城市化、郊区化和城市更新过程中社区环境变化引起的居民地方依恋的减弱、中断或社区认同的丧失，以及对新居住地地方依恋/地方感培育等问题（朱竑等，2016）。然而，具体到灾害研究领域，还少有实证研究基于地方感的研究视角去揭示居民的避灾准备行为决策机制，只有个别研究进行了有益探索。如笔者采用logistic回归模型去揭示地方感对滑坡威胁区农户搬迁意愿的作用机制，结果发现农户对地方的依赖和认同越高，其搬迁意愿越不强烈。Gaillard（2008）通过深度访谈的方式研究居民受灾后的回流机制，发现居民回流的可能原因在于对居住地灾害风险认识的不足，长期居住在居住地所产生的深深的恋地情节以及对搬迁后家庭生存状况的担忧。以上研究启示我们，从农户能力（生计）和认知（灾害风险认知+地方感）双重视角去定量揭示农户避灾准备行为驱动机制（图1-11）。

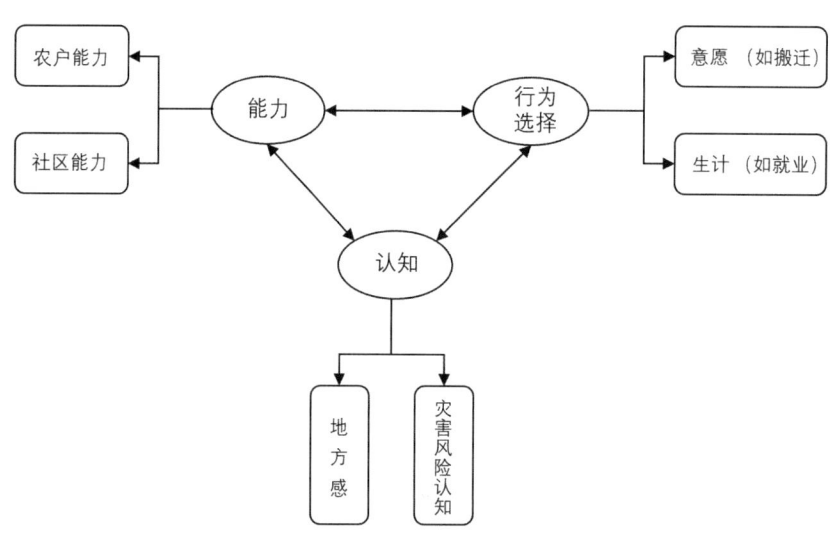

图1-11 农户能力、认知和行为选择耦合框架

随着山地灾害的频发，越来越多农村聚落农户的生计因为山地灾害冲击而变得不稳定。基于此，学者逐渐开始关注山地灾害对居民造成的冲击及居民的生计响应（Guo等，2014；Iwasaki，2016）。然而这些研究多围绕灾害前后农户生计资本及生计策略的变化展开，少有在可持续生计分析框架的基础上，耦合其他理论/理论框架，定量揭示农户其他行为及其驱动机制。实际上，农户可持续生计分析框架是一开放式框架，可以与其他理论/理论框架进行耦合，用于揭示农户各种行为决策背后的驱动机制。比如，梁义成 等（2014）基于微观经济学的理论（局部可分农户模型），将家庭结构视角引入DFID可持续生计分析框架，分析不同家

庭结构视角下农户生计策略的形成机制。这启示本研究在可持续生计分析框架基础上耦合个体认知（灾害风险认知+地方感），组建新的理论框架，多视角多维度去揭示农户避灾行为决策机制。

2.4 待突破环节和需关注领域

国际上相关学术研究层面和实践层面的经验，给了中国面对山地灾害研究的新的启发，尤其是微观韧性视角的研究。中国山区最大的特点是，山区的人口和聚落众多，与灾害伴生的现象极其普遍，完全利用搬迁实现避灾是不可能的。因此，对于我国而言，从微观主体进行防灾为主题的系统研究就显得极其必要。另外，对于我国这样的面积广大、区域内部地理差异明显的国情来讲，人的认知、行为的研究必须考虑其地方性的影响。因此，本书认为针对我国山区而言，有以下方面需要进行研究：

（1）山地灾害对农户造成的冲击及农户的响应。山地灾害若发生，会对威胁区农户造成怎样的冲击？农户对山地灾害造成的冲击具有怎样的敏感性和应对能力，生计方面的各种决策对缓解山地灾害造成的冲击具有怎样的作用？社区应对山地灾害的能力会对农户抵御山地灾害的冲击产生怎样的作用？

（2）作为一种研究人-地关系的理论或有效的手段，地方感可能能够回答微观主体的一部分行为决策的驱动力。灾害威胁区的居民地方感应该在风险认知、减灾决策、生计选择等相关环节中发挥了作用，这种作用到底以什么样的框架来进行展现和表征，需要进行尝试突破。

（3）农户能力和认知（包括地方感和灾害风险认知等方面）的测度及其对个体行为决策的具体作用机制。农户对村落或者更大尺度的地方具有怎样的地方感？农户对山地灾害具有怎样的灾害风险认知？农户的能力、灾害风险认知和地方感对其防灾行为选择的具体作用机制是什么？地方感和风险认知之间是不是存在某种影响？

（4）在控制其他影响变量的前提下，不同山地灾害类型下的居民风险感知、防灾行为决策是不是存在显著性差异？在同一灾害点上，不同位置的居民的风险感知是否存在显著性差异？

3 核心框架与主要研究内容

3.1 研究目的

本研究以三峡库区这一山地灾害与贫困双重交织的典型区域作为样本区，在已有定性研究基础上，从农户可持续生计、灾害风险认知和地方感多重学科视角出发，尝试性地提出农户能力、认知和个人行为决策分析框架，以期为山地灾害威胁区聚落防灾减灾和精准扶贫等政策的制定提供参考依据。

从理论上看，本研究将三峡库区山地灾害威胁区农户作为一个整体，从农户和社区双重尺度探究山地灾害对农户造成的冲击、农户的敏感性及应对能力；在农户的行为选择分析中，尝试将农户对山地灾害的应对能力、农户对灾害风险的认知和地方感多重视角进行耦合，同时考虑社区特征，多视角多尺度探究农户的行为决策及其影响机制，拓宽山区"人-地"关系认知视角，试图弥补一般灾害管理及应对研究中忽略农户主观能动性（农户自身主观的感受、意愿），以及文化地理学研究中关于山地灾害本底研究的缺失。

从现实来看，国务院《三峡后续工作规划》中明确了未来三峡库区的六大任务，其中构建和完善生态环境保护体系、移民的安稳致富、地质灾害预防及治理就占了三项。本书的研究结果能够帮助我们更好地理解立项依据中许多山区聚落出现的两个极端现象，有针对性地为山区聚落防灾减灾、受灾害威胁聚落搬迁等政策的制定提供参考依据。三峡库区具有重要的生态地位，山区聚落的防灾减灾和科学重构不仅事关三峡库区自身的可持续发展，其对三峡水库的安全运行和中下游区域经济社会发展也有重大影响。因此，本研究的成果和对于三峡库区的人-地关系调控具有现实意义。此外，本研究关注的对象是山地灾害威胁区农户，这些农户很多就居住在山地灾害点上（如滑坡体和泥石流扇），这些对象大多也是国家精准扶贫政策重点关注的对象，故而此项研究的开展也可为精准扶贫政策的具体"瞄准"提供参考依据,并在一定程度上帮助稳定扶贫效果。

3.2 农户能力-认知-行为选择风险框架

基于对国内外与本研究有关的理论(框架/视角)研究和实证研究的系统进行梳理发现:

(1)农户可持续生计(不同生计资本组合)是其抵抗外部冲击时内部处理能力的表征。同时,居民作为社区中的个体,其对山地灾害冲击的敏感性和应对能力可能受社区应对能力的影响(如基础设施投入、防灾减灾投入),然而已有研究却少有考虑社区应对能力对农户抵抗外部冲击的影响。基于此,研究将社区应对能力和农户可持续生计耦合为"农户能力"这一潜在维度,用于和其他理论(视角/框架)进行耦合。

(2)居民灾害风险认知和地方感实际上是农户认知层面的反映,两者均是基于心理测量范式下的态度理论设计(里克特)量表(词条),在定性层面,基于文化理论对主体认知进行解读。类似的哲学观和方法论为本研究设计词条对其进行测度并与其他理论(框架)进行耦合提供了可能。

(3)从静态来看,面临山地灾害的威胁,居民的行为选择既会受其认知水平的影响(如一般认为居民搬迁意愿会受其灾害风险认知水平和地方依恋水平影响),又会受其能力(如资本禀赋)的影响(如搬迁,高金融资本家庭一般能快速恢复生计水平)。同时,居民对不同认知(尤其是对灾害风险认知)可能会通过影响农户能力的积累进而间接影响其行为决策。从动态来看,居民的既定行为选择又会影响其能力的积累和认知水平,居民的能力积累又会影响到其认知(图1-2虚线部分)。基于以上认识,本研究尝试将农户能力、地方感和居民行为选择三者耦合,建立如下概念模型(研究框架)(图1-12),并基于微观数据对其进行实证,以期提出一个新的概念模型,在丰富相关理论研究的同时为相应的政策制定提供参考依据。

在本书的研究内容中,最核心的框架就是农户能力-认知-行为选择风险框架,它能够在一定程度上回答居民避灾行为决策的复杂作用机制,也能够为微观视角的韧性应对灾害提供学术回答。当然,实际上本书的研究内容不止这一个部分。比如地方感和风险认知本身存在复杂的作用机制,需要更细致的框架来展示,我们将在相关章节中进行详细阐述。

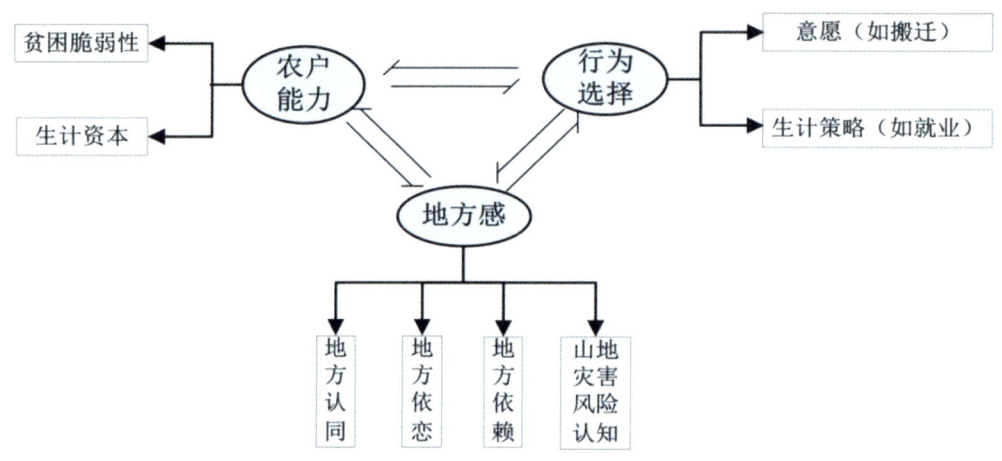

图1-12 农户能力、地方感和行为选择耦合框架

3.3 主要研究内容

本书的研究内容主要分为以下几个部分:

(1) 山地灾害对农户造成的冲击及农户和社区的响应。此部分又可细分为以下两部分:一是在农户贫困脆弱性内部处理能力-外部风险冲击分析框架的指导下,从农户尺度出发,定量刻画农户面临的外部风险冲击(如山地灾害损失冲击、房屋建设开支冲击、农业损失冲击等)以及农户内部的风险管理机制,尤其关注劳动力外出务工的影响。此部分的目的是从农户尺度出发,从定量角度回答外部风险冲击尤其是山地灾害对农户贫困脆弱性(以未来消费方差波动反映)造成的影响,以及农户外出务工在多大程度上能缓解外部冲击给家庭贫困脆弱性造成的影响。二是在农户可持续生计和暴露-敏感性-恢复力分析框架

第一章　绪　论

指导下，将社区应对能力指标作为一个新的维度与农户生计资本进行耦合，从农户和社区双重尺度出发，建立表征农户能力的指标体系，并使用客观的评价方法熵值法获取反映农户能力的各个维度——暴露、敏感性和恢复力。此部分的目的在于从农户和社区双重尺度出发，获得反映农户能力的各个维度综合得分。

（2）灾害威胁区的居民地方感和灾害风险认知之间的关系。根据本研究的科学假设，山地灾害威胁区居民的风险认知和地方感一定存在某种互动机制。在已有研究的基础上，本文分别构建了居民灾害风险感知多维测度体系和地方感的多维测度体系，基于心理测量范式下的态度理论设计（里克特）量表对主体意识进行定量刻画。然后在此基础上构建地方感和风险认知的PLS-SEM模型，并试图通过PLS-SEM模型适合理论建构的优点来探索各个子维度的相互影响，定量揭示风险感知和地方感子维度间的直接和间接影响，给出理论作用框架。最终系统性解读山地灾害风险认知的影响机制，为后面的避灾行为决策研究提供部分科学认知基础。

（3）农户能力、地方感和灾害风险认知的测度及其在个体行为决策中的具体作用机制。此部分又可细分为以下两部分：一是农户能力、地方感和灾害风险认知的测度。其中，农户能力的测度在（1）中第二部分获得。地方感和灾害风险认知的测度主要借鉴国外心理测量范式，通过1~5级里克特量表获取。二是主要探究农户能力和认知在其行为决策中的具体作用机制。考虑到研究区是山地灾害威胁区山区聚落，很多农户面临山地灾害的威胁需要搬迁，不能搬迁的农户可能需要做相应的避灾准备，政府为减弱山地灾害对农户造成的冲击，有在研究区实施山地灾害保险的意愿，故而本研究主要关注农户搬迁、避灾准备和购买山地灾害保险三种行为。在建立的农户能力-认知和行为决策分析框架指导下，定量探究农户能力和认知在以上三种行为决策中的具体作用机制。此外，考虑到不同搬迁情景下农户搬迁行为决策的驱动机制可能不同，研究进一步将农户搬迁行为决策分为政府规划搬迁命令下农户的搬迁意愿，以及给定补贴条件下农户自愿的搬迁意愿两种。

3.4 总体技术路线

见图1-13。

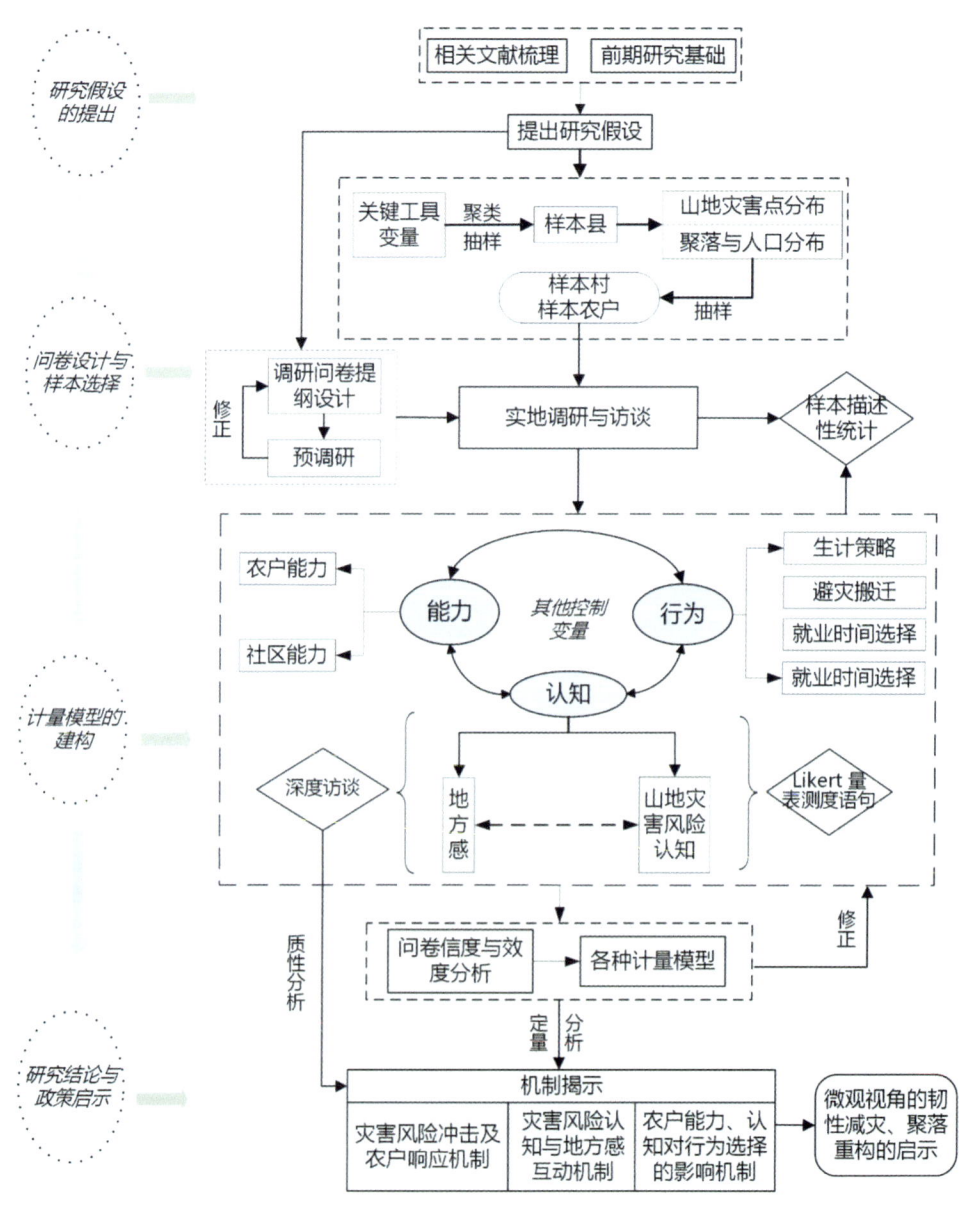

图1-13 技术路线图

第2章
数据与研究方法

1 研究区概况

　　三峡库区介于东经105°48′~111°41′，北纬28°28′~32°17′，东接湖北、湖南，西邻四川，南连贵州，北靠陕西，行政区划上隶属于湖北省和重庆市，包含重庆的15个区、县和湖北的4个区、县，总面积5.58万平方千米（图2-1）。研究区位于四川盆地东部边缘，境内地质环境复杂，山高谷深，区域地势起伏大，河流切割强烈，松散物质丰富为山地灾害的发生提供了必要的地形条件。研究区生物、矿产、水和水能等资源丰富，但是人-地关系矛盾突出，少量的耕地承载着大量的人口。作为西部的交通枢纽，多条铁路干线和公路干线构成了四通八达的陆路交通网络，诸如川渝、成渝和襄渝铁路干线以及成渝、汉渝和渝万等公路。三峡库区分布着众多河流，除了贯穿全境的长江以外，嘉陵江、乌江、龙溪河、御临河、汤溪河、梅溪河、曹堂河、小江、大溪河、神农溪、大宁河等上百条支流汇集成树枝状水系。三峡水库蓄水以后，通常运行水位在145~175米。每年30米的水位差变化对干流及支流库岸斜坡稳定性会产生小幅度的影响。近年来，在本就脆弱的地质环境基础上，气候变化带来的极端降雨事件增多以及随着人类开发活动强度和规模日趋剧烈，增加了三峡库区山地灾害防治的必要性。

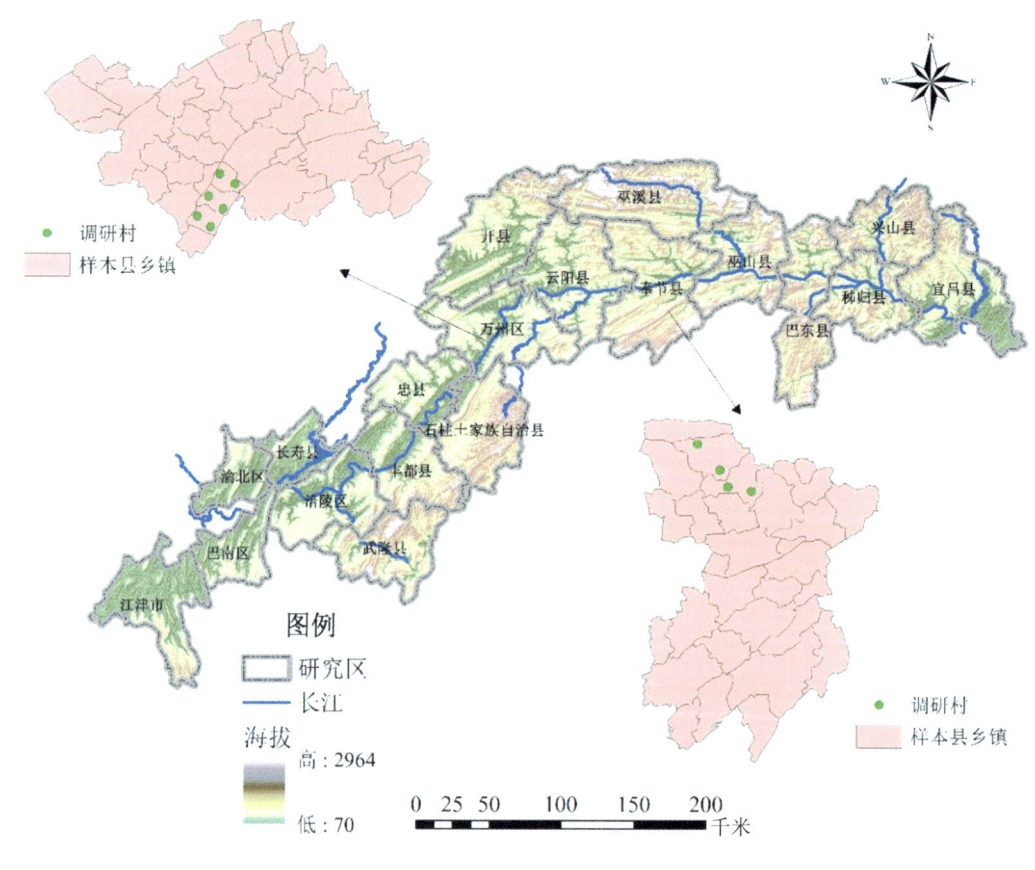

图2-1 研究区及调研点

1.1 地质地貌

长江三峡库区位于我国大陆地形第二阶梯和第三阶梯的过渡地带，处于大巴山褶皱带与鄂西山地会合部位，北临大巴山南麓，南靠云贵高原北缘。区内有独特的侵蚀峡谷地貌以及闻名遐迩的长江三峡。东部为低、中山地貌，往西为低山丘陵区。以奉节为大致的边界，研究区东西跨越两大自然地理单元。三峡峡谷位于研究区东部，深陷于巫山山脉之中；低山丘陵地带位于研究区西南部，是四川盆地东部的一部分。最高海拔2 964米，位于巴东县境内（小神龙架），最低海拔70米，位于秭归县境内（茅坪河口），相对高差达2 894米。区内高低悬殊，崇山峻岭，地形起伏。长江深切大巴山和巫山余脉，地势整体为四周高中间低，呈盆地形。盆地边缘大势东高西低，沿长江两岸地势呈两边高中间低。研究区山地约占总面积的74%，丘陵占21.7%，河谷平原占4.3%（Peng等，2016）。由于库区内各段库坡地质结构、岩性和地壳升降幅度有所差异，表现出不同的地貌特征。

研究区地质构造整体呈弧形褶皱构造，由西向东具有一定规律地由近南北向逐步转为北北东（NNE）至北东（NE）到北东东（NEE）向，而后以近东西向与南北走向的秭归向斜交接。三峡水库北部自西向东走向的大巴山弧形褶皱带由北西（NW）向逐渐转向东西（EW）向，弧顶指向南南西（SSW），具有紧密的褶皱构造；齐岳山断裂带西侧便是研究区西部的川东褶皱带，弧顶位于万州地区；八面山弧形褶皱带分布在研究区南面，弧顶指向北西；八面山弧形褶皱带和大巴山弧形褶皱带向东收敛汇集，被黄陵背斜为长轴近南北向的椭圆形所阻断，西侧形成了秭归向斜，具有北北西（NNW）的仙女断裂分布在西南侧。

研究区地层发育齐全，但上石炭统、下泥盆统、上志留统缺失（白垩系或老第三系还存在争议），自前震旦系崆岭群至第四系皆有出露。整体上，地层分布以黄陵背斜核部为界，呈现东、西两侧地层渐次从老到新分布。三峡库区的地理多样性与下垫面岩层的分布有关。下伏面主要由三种岩层类型组成（图2-2）：红

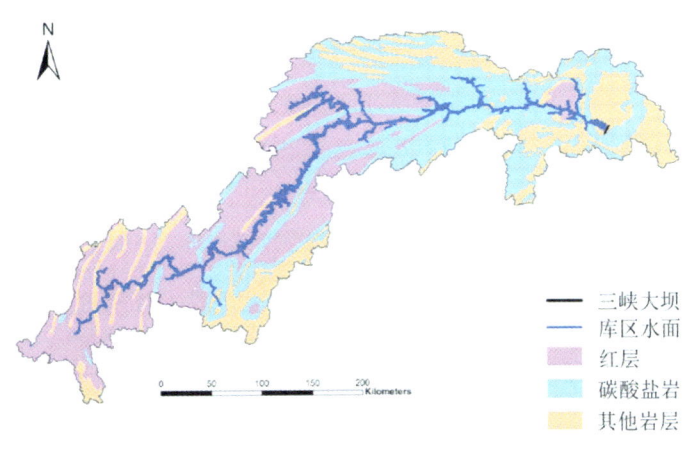

图2-2 三峡库区岩性分类

层（74%）、碳酸盐岩（19%）和其他岩层（7%）。红层由砂岩和泥岩组成，透水性强，易风化，主要分布于江津市与奉节县之间。因此，这些地区的土壤很容易被侵蚀。特别是在高水位时的长期淹没和低水位期时暴雨引起的地表侵蚀的共同作用下，这些地区容易受到波浪冲刷和沟壑侵蚀。碳酸盐岩以石灰岩和白云岩为主，主要分布于奉节和巴东之间海拔较低处。这些地区以陡峭的基岩山坡为特征，由于地表水和径流，通常产生岩溶侵蚀，从而导致滑坡和落石。其他类型的岩石主要由花岗岩、石英闪长岩和变质岩构成。这些岩石主要分布在靠近大坝的地区，在重庆市和忠县附近零星分布，坡度较陡。

1.2 气候气象

研究区地处中纬度属于亚热带湿润性季风气候，受到冬季和夏季风交替作用，具有降水与气温季节变化明显，四季分明的特点。夏季炎热潮湿，降雨量大，冬季温暖少雨，年平均气温高，云雾多，无霜期长。因三峡库区地势复杂，高低悬殊，空间和时间上的气象要素分布具有显著差异，具有十分明显的小气候特征。降雨的空间分布自宜昌市向涪陵区呈逐渐增加趋势。河谷和地势较低的区域温度较高，年均17.47~20.02℃，海拔较高处温度较低，年均4.15~10.62℃。夏季平均气温27~29℃，极端最高气温超过41℃，冬季平均气温6~8℃，年平均气温18℃左右（图2-3）。每年雨季集中在5~9月，占全年降雨量的70%以上。研究区属于我国暴雨中心之一，每年暴雨日数在3~7天，降雨量高达200毫米以上，每年累计日降雨量大于25毫米的有9~15次，降雨量大于50毫米的2~5次（图2-4）。研究区多年平均降雨见图2-4。充沛的降雨且多暴雨的特点是三峡库区多山地灾害的主要原因之一。三峡库区平均相对湿度为70%~82%，空间分布呈现两头大，中间小。研究区的西南部温度高，风速小，水汽丰沛，水面广阔从而相对湿度大，一般为79%~82%；中部地区为长江峡谷，降水量和蒸发量相对较小，湿度为67%~71%。由于库区东部的宜昌和秭归地势较低，年平均风速较小，为1.0~1.2米/秒，西南部的渝北和巴南区风速为1.3米/秒。整体上自西向东大小相间分布。

第二章 数据与研究方法

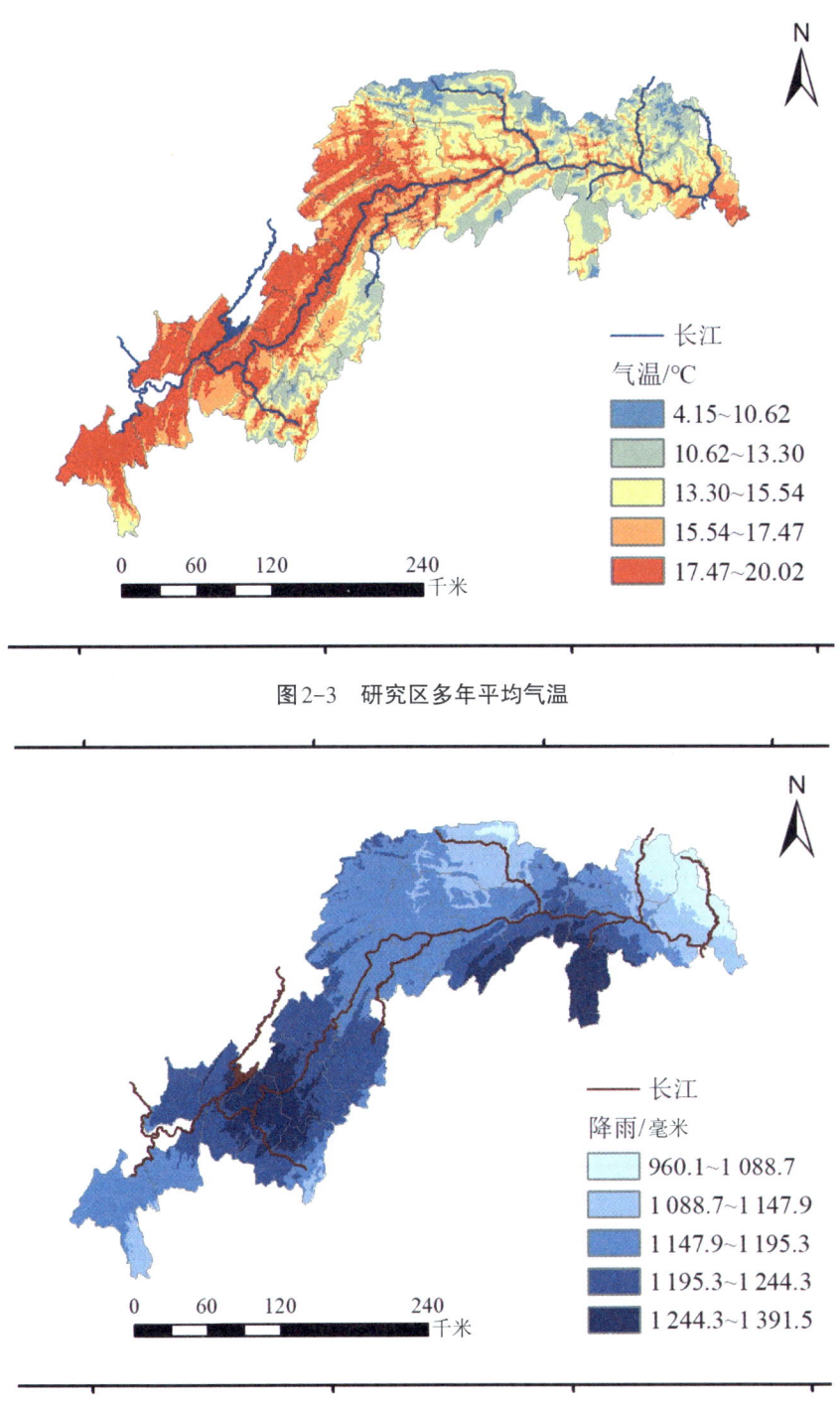

图 2-3 研究区多年平均气温

图 2-4 研究区多年平均降雨

1.3 灾害发育

受地形的限制,三峡库区许多乡村聚落分布在山地灾害威胁区内,有的甚至就分布在灾害点上(如滑坡体或者泥石流扇上),面临严重的山地灾害的威胁。据山地灾害隐患点的调查统计,三峡库区滑坡、泥石流、崩塌和不稳定斜坡等山地灾害总量达到11 137个,其中滑坡比例最大(占79.60%)(图2-5)。近几年,由于强降雨,库区山地灾害群发频发。2014年,库区全年在变形的山地灾害隐患点就有810处(比2013年上升34.3%)。其中,变形强烈的有128处(是2013年的2.8倍),达到险(灾)情级别的有340处(比2013年多了325处)。据统计,库区受山地灾害威胁群众达到50多万人(仅2014年一年,就有11 400人得到安全撤离和应急安置)(中华人民共和国环境保护部,2015)。山地灾害(尤其是滑坡)已成为影响该区域人地关系协调发展的重要因素。

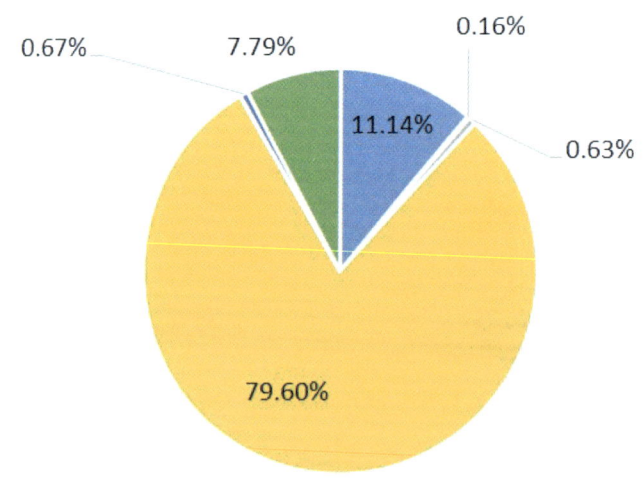

图2-5 三峡库区山地灾害类型

第二章 数据与研究方法

1.4 土地资源

据统计，库区总面积5.58万平方千米，土地利用类型包括耕地、林地、草地、水域、城乡工矿居民用地和未利用地。其中耕地、林地和草地所占比例最大，超过70%（图2-6）。由于库区是山地地形，高低悬殊，坡度大于25度的坡耕地仍然存在，另外，以紫色土和岩溶物质为主的地表物质组成现状也加剧了区域内土壤侵蚀现象。总体上，三峡库区土地具有很高的开发利用程度，其中农业用地189.58万公顷（其中耕地147.83万公顷），占研究区土地总面积的三分之一；林业用地282.8万公顷，占研究区土地总面积的49%；其他用地104.76万公顷，占研究区土地总面积的18.2%。在所有耕地中，70%以上是坡耕地，人均基本农田仅0.78亩[①]，人地矛盾十分突出。由于耕地稀少，兼业成为农户主要的生存方式。区域内土地资源虽然有一定的开发利用潜力，但开发难度极大。

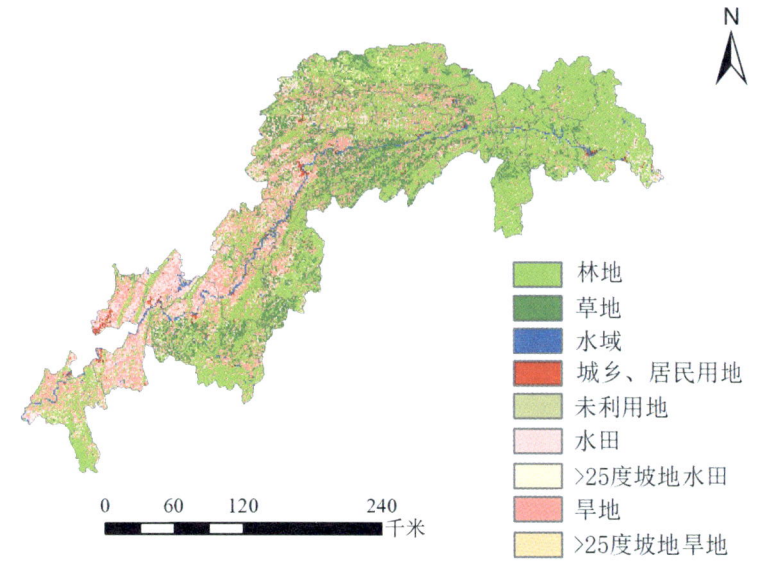

图2-6 研究区土地利用情况

---

① 1亩=1/15公顷。

1.5 社会经济

在三峡工程开发建设以前,三峡库区就是经济上的凹地,区域内基础设施落后,第二、第三产业发展缓慢。这里聚集着国家连片贫困区,根据《中国农村扶贫开发纲要(2011—2020年)》所列的国家连片特困地区范围,涉及三峡库区的就有武陵山区和秦巴山区两个区域。其中,库区范围内的万州区、丰都县、武隆县、开县(今开州区)、云阳县、奉节县、巫山县、巫溪县和石柱土家族自治县是国家级贫困区县,是中国西部山区典型的贫困代表区域。此外,由于三峡工程以及山地灾害威胁等原因,三峡库区有大量移民,移民面临搬迁后生计重构的问题。在工程建设以及移民安置过程中,国家进行了大量的资金补偿和资金对口扶持,第二、第三产业得以较快发展。此外,农村人口非农化进程加快,城镇规模迅速扩大。除重庆市周边县城得到了极大的发展以外,涪陵、万州、宜昌等经济都有极大带动,成为区域性经济中心。

据年鉴统计资料2015年数据显示(表2-1),研究区区户籍总人口1640万人,地区生产总值6728.1亿元。其中,重庆库区5946.4亿元,湖北库区781.7亿元。研究区第一产业实现增加值572.8亿元,总财政收入531.3亿元,总固定资产投资6473.9亿元。按户籍人口计算,研究区人均地区生产总值41025.1元,人均固定资产投资39474.9元。库区劳动力资源丰富,总劳动力数达728.47万人,占区内农业人口总数的57.04%。其中,60%的劳动力从事农业或与农业有关的工作,然而农业收入却仅占家庭总收入的19.8%。农村居民人均纯收入8441元,比全国农村居民人均纯收入低14.96%(重庆市统计局,2015;国家统计局,2015)。

表2-1 研究区各县社会经济数据统计

县名	人口(万人)	GDP(亿元)	第一产业增加值(亿元)	财政收入(亿元)	固定资产投资(亿元)
江津市	150	605.60	75.47	57.29	704.20
巴南区	90	568.30	45.00	33.60	733.50

第二章 数据与研究方法

续表

县名	人口（万人）	GDP（亿元）	第一产业增加值（亿元）	财政收入（亿元）	固定资产投资（亿元）
渝北区	123	1 193.30	25.87	57.83	1 093.60
长寿县	90	430.10	38.25	35.02	506.90
涪陵区	46	813.20	51.77	56.53	70.50
武隆县	41	131.40	18.66	13.63	150.90
丰都县	83	150.20	28.47	14.55	250.40
忠县	101	222.40	33.97	13.40	262.10
石柱县	55	129.20	21.90	12.57	133.10
万州区	175	828.20	7.80	89.94	725.10
开县（今开州区）	169	326.00	52.53	21.56	358.60
云阳县	135	187.90	40.08	12.68	240.60
奉节县	108	197.40	35.96	13.89	232.50
巫溪县	54	73.40	15.00	6.75	153.40
巫山县	64	89.70	19.35	9.21	122.20
巴东县	49	88.90	17.30	5.86	91.70
秭归县	38	110.90	21.79	9.84	111.70
兴山县	17	95.10	11.45	9.50	41.90
宜昌市	52	487.00	12.163	57.60	491.00

夜间灯光遥感数据可以很好地用于反映人类活动，间接表征城市发展、人口分布、基础设施和经济水平。总体看，三峡库区夜间灯光情况整体较为均衡，大面积的城镇组团较少，灯光较强的地方普遍出现在长江干流沿线，这里靠近黄金水道，旅游产业相对发达，社会经济发展水平相对较高（图2-7）。

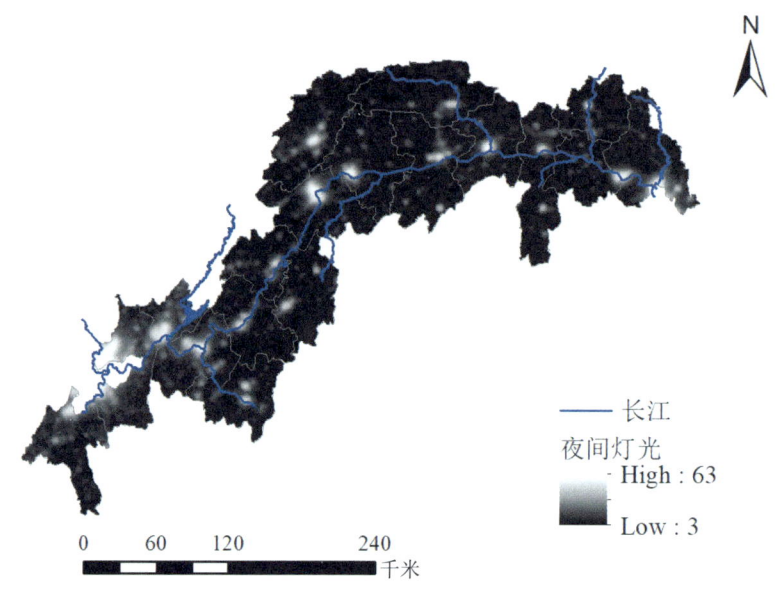

图 2-7 研究区夜间灯光情况

2 数据来源

2.1 研究区多层抽样

研究以山地灾害频发、贫困率和返贫率都比较高的西南山区三峡库区为案例区，通过"类型识别+分层等概率抽样+类型识别+聚落抽样"的方法筛选代表区。具体而言，综合考虑研究区山地灾害类型、受威胁群众数量和经济发展水平差异，将三峡库区19个区、县随机分为两类。其中，一类代表受威胁群众多、经济发展水平低的区、县；一类代表受威胁群众少、经济发展水平高的区、县。然后从两组中随机选取一个区县作为样本区、县，得到万州和奉节，共48个样本乡镇。随后，综合考虑山地灾害受威胁农户集中居住数量和经济发展水平，分别从万州和奉节随机抽取3个和2个乡镇作为样本乡镇，共得到5个样本乡镇（分别含

11、5、5、8和8个村，共37个村）。随后，根据村干部处统计的山地灾害威胁群众数量多少，将37个村落分为高山地灾害威胁村和低山地灾害威胁村，然后随机从两个组中抽取一个作为调研村落。由于有1个样本乡镇有11个村，考虑到样本的对总体的代表性，在该乡镇多选择了高山地灾害威胁村作为调研村，最后共得到11个样本村。最后，从2 055户受威胁的农户中，根据受灾害威胁农户花名册随机从每个村落抽取20~40户农户作为调研农户。样本区县和样本村落的空间分布图见图2-8。

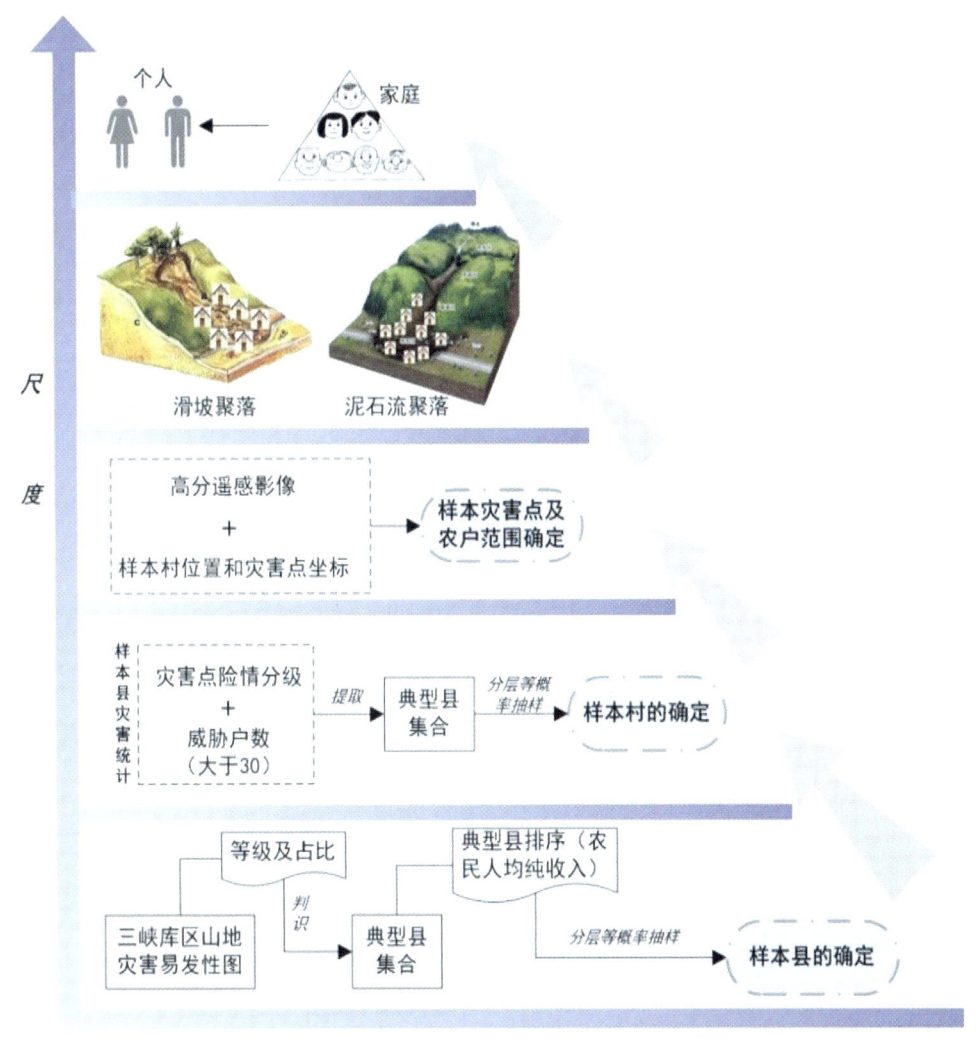

图2-8 综合抽样方法

2.2 问卷和访谈提纲设计

2015年1~4月,系统梳理研究思路,在借鉴相关理论和实证研究基础上设计调查问卷和访谈提纲。2015年5~7月,研究区基础资料搜集汇总,确定样本县、样本乡镇和样本村落。其中,一些数据来自于统计年鉴、长江三峡工程生态与环境监测公报等统计数据。山地灾害分布、受威胁群众数量和具体名单来源于相关区县国土局。一般而言,预调研对于规范有效的问卷设计和正式调研来讲具有重要的意义,能够识别问卷设计存在的问题。因此在正式调研之前,在万州国土局的协助下,研究团队到万州的白岩村做了问卷的预调研和访谈(图2-9),记录问卷初稿和访谈提纲初稿中出现的问题,然后进一步修正问卷和访谈提纲,确定最终的调研问卷和访谈提纲。

 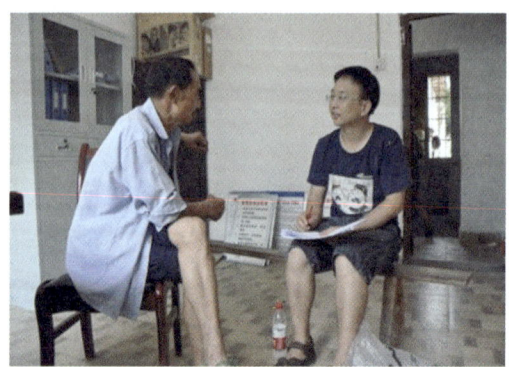

图2-9 调研团队及调研现场

2.3 问卷质量与特征描述性统计

在确定样本村和问卷设计最终方案之后，2015年8~10月期间，10个受过专业培训的调查员在各村村干部的带领下入户做调研和深度访谈，最终得到348份有效问卷，应答率为100%。其中，受灾害严重威胁但近期未直接受灾的农户252户，近期直接受灾农户96户。各调研样本村受灾害威胁户数统计详见表2-2。

表2-2 调研样本村受灾害威胁户数统计

样本区县	样本乡镇	样本村	受灾害威胁户数(户)	总计(户)
万州区	溪口乡	其林村	46	194
		玉竹村	148	
	新 乡	龙泉村	154	328
		治华村	174	
	燕山乡	万顺村	47	175
		泉水村	128	
奉节县	竹园镇	岔河村	336	1154
		无山村	380	
		草坪村	438	
	大树镇	关山村	50	250
		石堰村	200	
总 计			2 101	2 101

3 主要计量模型

基于整体的研究设计，不同的研究环节涉及不同的研究方法，主要的计量模型包括结构方程模型（structural equation modeling, SEM）、OLS 回归、Logistic 回归模型、分层线性回归，等等。

3.1 调节效应

调节效应模型主要探讨控制变量、农户能力、地方感和灾害风险认知，对农户搬迁意愿之间的直接和间接效应。

3.1.1 调节变量的定义

变量 Y 与变量 X 的关系受到第三个变量 M 的影响，就称 M 为调节变量。调节变量可以是定性的(如性别)，也可以是定量的(如年龄)，它影响因变量和自变量之间关系的方向(正或负)和强弱。

$$Y=f(X, M)+e$$

在做调节效应分析时，通常要将自变量和调节变量做中心化变换。简要模型：$Y=aX+bM+cXM+e$。Y 与 X 的关系由回归系数 $a+cM$ 来刻画，它是 M 的线性函数。c 衡量了调节效应（moderating effect）的大小，如果 c 显著，说明 M 的调节效应显著。

3.1.2 调节效应的分析方法

显变量的调节效应分析方法分为四种情况讨论。

当自变量是类别变量，调节变量也是类别变量时，用两因素交互效应的方差分析，交互效应即调节效应。

调节变量是连续变量时，自变量是连续变量时，将自变量和调节变量中心化，做 $Y=aX+bM+cXM+e$ 的层次回归分析：①做 Y 对 X 和 M 的回归，得测定系数 $R1^2$。②做 Y 对 X、M 和 XM 的回归得 $R2^2$，若 $R2^2$ 显著高于 $R1^2$，则调节效应显著。或者，作 XM 的回归系数检验，若显著，则调节效应显著。

当自变量是连续变量时，调节变量是类别变量，分组回归：按 M 的取值分组，做 Y 对 X 的回归。若回归系数的差异显著，则调节效应显著，调节变量是连续变量时，同上做 $Y=aX+bM+cXM+e$ 的层次回归分析。

潜变量的调节效应分析方法分两种情形：一是调节变量是类别变量，自变量是潜变量；二是调节变量和自变量都是潜变量。当调节变量是类别变量时，做分组结构方程分析。将两组的结构方程回归系数限制为相等，得到一个 X^2 值和相应的自由度。然后去掉这个限制，重新估计模型，又得到一个 X^2 值和相应的自由度。前面的 X^2 减去后面的 X^2 得到一个新的 X^2，其自由度就是两个模型的自由度之差。如果 X^2 检验结果是统计显著的，则调节效应显著；当调节变量和自变量都是潜变量时，有许多不同的分析方法，如 Marsh 等 (2006) 提出的无约束的模型。

3.2 中介效应

3.2.1 中介变量（mediator）的定义

自变量 X 对因变量 Y 的影响，如果 X 通过影响变量 M 来影响 Y，则称 M 为中介变量。$Y=cX+e_1$，$M=aX+e_2$，$Y=c'X+bM+e_3$。其中，c 是 X 对 Y 的总效应，ab 是经过中介变量 M 的中介效应，c' 是直接效应。当只有一个中介变量时，效应之间有 $c=c'+ab$，中介效应的大小用 $c-c'=ab$ 来衡量。

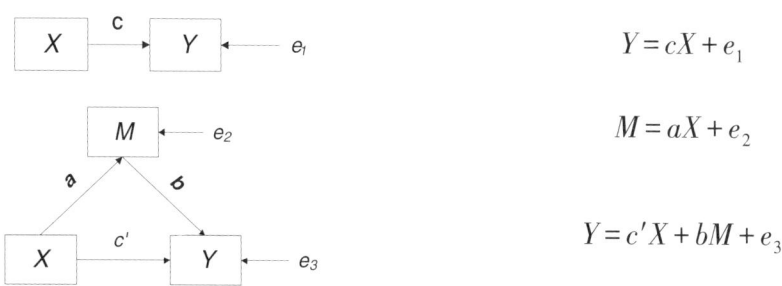

$$Y = cX + e_1$$

$$M = aX + e_2$$

$$Y = c'X + bM + e_3$$

3.2.2 中介效应分析方法

中介效应是间接效应，无论变量是否涉及潜变量，都可以用结构方程模型分析中介效应。步骤为：第一步检验系统c，如果c不显著，Y与X相关不显著，停止中介效应分析，如果显著进行第二步；第二步一次检验a，b，如果都显著，那么检验c'，c'显著中介效应显著，c'不显著则完全中介效应显著；如果a，b至少有一个不显著，做Sobel检验，显著则中介效应显著，不显著则中介效应不显著。Sobel检验的统计量是$z=\hat{a}\hat{b}/sab$，中$\hat{a}$，$\hat{b}$分别是a，b的估计，$sab=\hat{a}_2 sb_2+\hat{b}_2 sa_2$，$sa$，$sb$分别是$\hat{a}$，$\hat{b}$的标准误。

3.3 PLS路径分析/SEM

本文将偏最小二乘路径模型（PLS）与结构方程模型(SEM)相结合，通过构建最小二乘结构方程模型（PLS-SEM）探究农户的地方感、对灾害的灾害风险认知水平的耦合关系。

偏最小二乘（partial least square）路径模型是结构方程建模估计技术的一种，是由Herman Wold在1985年提出来的。该模型主要由两部分组成，第一是测量模型（又称外部模型），用于描述隐变量与显变量之间的关系；第二是结构模型（又称内部模型）用于描述隐变量之间的关系（图2-10）。PLS算法是主成分分析法与多元线性回归方法的结合，其既有效克服了多重共线性问题，同时还注意了主成分分析中忽略的自变量对因变量的解释问题。

第二章 数据与研究方法

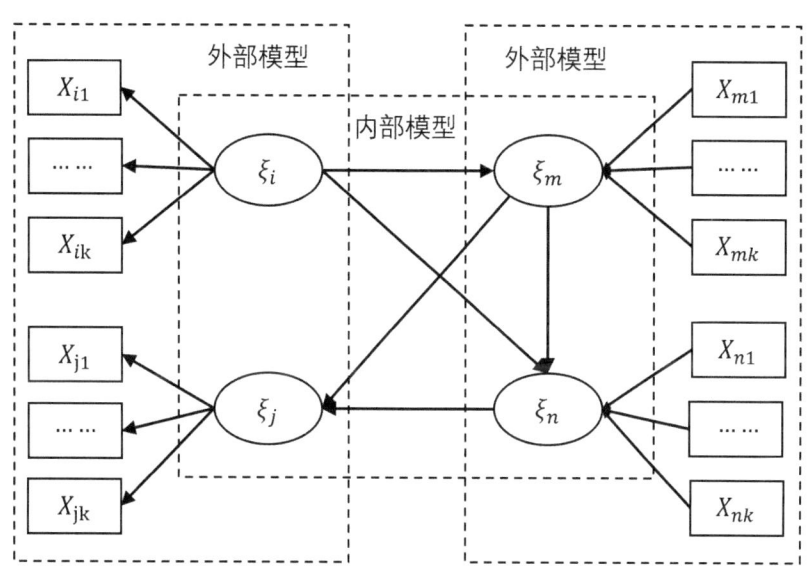

图 2-10 PLS 路径模型示意图

3.3.1 模型的结构与假设条件

假设对于 n 个观测样本点有 J 组变量 $X_j = \{x_{j1}, x_{j2}, \cdots, x_{jk}\}$。其中，第 j 组中的第 h 个变量 x_{jh} 被称为显变量，设它们都是中心化的变量。另外，假设每一组显变量都大致是一维（unidimentionnelity）的，即该组中每一个显变量都受到同一标准化的隐变量 ξ_j 的影响。第 j 组显变量 x_{jh} 与其隐变量 ξ_j 的关系通过外部模型表达为：

$$x_{jh} = c_{jh}\xi_j + \varepsilon_{jh} \tag{2.1}$$

其中，ξ_j 的均值为 0，标准差为 1；误差项 ε_{jh} 的均值为 0，且与隐变量 ξ_j 不相关；c_{jh} 为回归系数。

为了检查一组显变量是否符合 Unidimentionnelity 条件，最简单的方法是对该组显变量进行主成分分析。一般规定，如果这一组显变量的相关系数矩阵的第一个特征值大于 1，而其他特征值均小于 1，那么这组显变量符合 Unidimentionnelity 条件。

另一方面，还可以通过内部模型，描述 J 个隐变量之间的关系。其形式为：

$$\xi_j = \sum_{i \neq j} b_{ij}\xi_i + \nu_j \tag{2.2}$$

其中误差项 ν_j 应满足均值为 0 且与 $\xi_j(i \neq j)$ 不相关的假定，b_{ij} 为回归系数。

3.3.2 参数估计方法

对隐变量 ξ_j 的估计可以从两方面进行。一方面认为隐变量 ξ_j 可以由第 j 组显变量 x_{ij} 的线性组合来估计，记 Y_j，称为隐变量 ξ_j 的外部估计：

$$Y_j = \sum_h w_{jh} x_{jh} = X_j w_j \tag{2.3}$$

其中，第 X_j 是以显变量 x_{jh} 为列向量的矩阵，w_j 为外部权重 w_{ij} 构成的列向量。

另一方面，如果 $Y_i(i \neq j)$ 是与 ξ_j 相关联的隐变量 ξ_i 的估计值，还可以利用 Y_i 来估计隐变量 ξ_j。这一估计值被记为 Z_j，称为隐变量 ξ_j 的内部估计：

$$Z_j = \sum_i e_{ji} Y_i \tag{2.4}$$

式中，e_{ij} 为内部权重，它等于 Y_j 和与其相连的各 Y_i 的相关系数的符号函数值：

$$e_{ij} = \text{sign}[cor(Y_j, Y_i)] \tag{2.5}$$

其中，$\text{sign}(x) = \begin{cases} 1 & x \geq 0, \\ -1 & x < 0, \end{cases}$ $cor(Y_j, Y_i)$ 为 Y_j 和 Y_i 的相关系数。

Wold 提出两种方法可以计算（1）式中的权重 W_{ij}，分别为模式A和模式B。模式A认为权重向量 w_j 是显变量 x_{jh} 关于 Z_j 的协方差系数：

$$w_j = \frac{1}{n} X_j' Z_j \tag{2.6}$$

模式B认为权重向量 w_j 是 ξ_j 的内部估计 Z_j 关于显变量 x_{jh} 的回归系数向量：

$$w_j = (X_j' X_j)^{-1} X_j' Z_j \tag{2.7}$$

3.3.3 模型的验证

PLS模型的验证包括对结构模型的验证和测量模型的验证。判断结构模型路经参数的显著性水平可采用普通的t检验或使用像jack-knife的交叉验证(cross-validation)方法;而对于测量模型隐变量与其对应显变量的综合关系,则一般使用blindfolding的交叉验证。blindfolding的交叉验证方法是将每一隐变量的显变量数据阵分为G组,然后分别剔除其中的一组对模型运行G次,根据公因子方差和冗余度的大小来测量隐变量对显变量的预测能力。

3.4 Logistic/OLS等其他计量经济模型

3.4.1 logistic回归模型

Logistic回归模型是一种对二分类或多分类因变量进行回归分析时经常采用的统计方法,与线性回归不同,Logistic回归是一种非线性模型,普遍采用的参数估计方法是最大似然估计法。Logistic逐步回归方法基于数据的抽样,可以筛选出对事件发生与否影响较为显著的因素,同时剔除不显著的因素,并能为每个显著的因素产生回归系数,这些系数通过一定的权重运算法则被解释为某一事件的变化概率。模型中,因变量要求是离散的分类变量,自变量可以是连续的,也可以是离散的。

本文采用二分类Logistic回归模型来构建农户能力、认知与避灾准备间的计量经济模型,从农户能力、风险认知和地方感知的角度深入揭示农户避灾准备及其驱动机制。

典型的Logistic函数形式为

$$p_i = \frac{1}{1+e^{-y_i}} = \frac{1}{1+e^{-(\alpha+\beta x_i)}} \tag{2.8}$$

其中x_i, y_i分别代表自变量,因变量y_i取0或1,α和β分别表示回归截距和回归系数，p_i 为某现象发生的概率。

对（2.8）式再做变换，得到Logistic回归模型

$$\ln\left(\frac{p_i}{1-p_i}\right) = y_i = \alpha + \beta x_i \qquad (2.9)$$

$$\frac{p_i}{1-p_i} = \exp(\alpha + \beta x_i) \qquad (2.10)$$

由（2.9）式可知 $\ln\left(\frac{p_i}{1-p_i}\right)$ 是 x_i 的线性函数，$\frac{p_i}{1-p_i}$ 表示现象发生与不发生的概率比，α 为常数项，β 为回归系数，α，β 用极大似然法估计求得，进而推知现象发生与不发生的概率。发生比率 $\exp(\beta)$ 是 β 系数的以 e 为底的自然幂指数，是衡量解释变量对因变量影响程度的重要指标。$\exp(\beta)$ 表示解释变量每增加一个单位，事件发生比的变化倍数。

Logistic回归模型常用的验证方法有似然比验证和Wald卡方检验。①似然比验证：似然比验证的基本思想是在比较两种不同假设条件下，对数似然函数值的差别大小。检验的无效假设为两种条件下的对数似然函数值差异无显著差异。②Wald卡方检验：某一自变量的假设验证采用Wald统计量，推断各参数回归系数是否为0。

3.4.2 OLS线性回归模型

OLS线性回归模型在本研究之中主要用于探究农户能力、认知及其搬迁行为和购买保险行为选择影响要素之间的数量关系，进一步揭示出农户能力、认知及其搬迁等行为选择的相关关系和作用机理。

假定变量 y_t 与 k 各变量 x_{tj}（$j=1$，…，k）存在线性关系。多元线性回归模型表示为

$$y_t = \beta_0 + \beta_1 x_{t1} + \beta_2 x_{t2} + \cdots + \beta_{k-1} x_{tk-1} + u_t \qquad (2.11)$$

其中，y_t 是被解释变量（因变量），x_{tj} 是解释变量（自变量），u_t 是随机误差项，β_i（$i=0$，1，…，$k-1$）是回归系数。

给定一个样本 $[(y_t, x_{t1}, x_{t2}, \cdots, x_{tk-1}), t=1,2,\cdots,T]$ 时,上述模型表示为

$$\begin{bmatrix} y_1 \\ y_2 \\ \vdots \\ y_T \end{bmatrix}_{(T \times 1)} = \begin{bmatrix} 1 & x_{11} & \cdots & x_{1j} & \cdots & x_{1k-1} \\ 1 & x_{21} & \cdots & x_{2j} & \cdots & x_{2k-1} \\ \vdots & \vdots & & \vdots & & \vdots \\ 1 & x_{T1} & \cdots & x_{Tj} & \cdots & x_{tk-1} \end{bmatrix}_{(T \times K)} \begin{bmatrix} \beta_0 \\ \beta_1 \\ \vdots \\ \beta_{k-1} \end{bmatrix}_{k \times 1} + \begin{bmatrix} u_1 \\ u_2 \\ \vdots \\ u_T \end{bmatrix}_{(T \times 1)} \quad (2.12)$$

将公式（2.12）转化为

$$Y = X\beta + u \quad (2.13)$$

最小二乘（OLS）法的原理是求残差（误差项的估计值）平方和最小。设残差平方和用Q表示

$$\begin{aligned} Q &= \hat{u}'\hat{u} = (Y-\hat{Y})'(Y-\hat{Y}) = (Y-X\hat{\beta})'(Y-X\hat{\beta}) \\ &= Y'Y - \hat{\beta}'X'Y - Y'X\hat{\beta} + \hat{\beta}'X'X\hat{\beta} \\ &= Y'Y - 2Y'X\hat{\beta} + \hat{\beta}'X'X\hat{\beta} \end{aligned} \quad (2.14)$$

式中,因为 $\hat{\beta}'X'Y$ 是一个标量,所以 $\hat{\beta}'X'Y = Y'X\hat{\beta}$。求Q对 $\hat{\beta}$ 的一阶偏导数,并令其为零

$$\frac{\partial Q}{\partial \hat{\beta}} = -2X'Y + 2X'X\hat{\beta} = 0 \quad (2.15)$$

假定1 解释变量之间线性无关,则

$$Rank(X'X) = Rank(X) = K+1 \quad (2.16)$$

如果假设1成立,可得出 β 的最小二乘估计量 $\hat{\beta}$

$$\hat{\beta} = (X'X)^{-1}X'Y \quad (2.17)$$

$\hat{Y} = X\hat{\beta}$ 表示Y的拟合值, $\hat{u} = Y - X\hat{\beta}$ 表示残差项。

第3章
能力与脆弱性分析

1 农户能力与脆弱性研究评述

1.1 农户脆弱性

1.1.1 贫困脆弱性概念

关于贫困问题的研究一直是学界研究的热点和焦点，减少贫困一直是各国发展政策的重要目标。然而，早期的政策制定者总是将贫困当作一个静态的概念，基于农户目前的收入状况去制定相应的扶贫政策。然而今天的贫困未必是明天的贫困，有些目前并不贫困的家庭完全有可能因为外部的各种冲击（如重大疾病、重大自然灾害）而陷入贫困。基于此，世界银行于2000年提出"贫困脆弱性"这一前瞻性概念（World Bank，2001），以此去描述家庭应对风险能力和未来贫困间的关系。自此，贫困脆弱性作为一动态的概念（图3-1）被广泛应用于各种扶贫政策的制定和实践中，并取得了良好效果。

第三章 能力与脆弱性分析

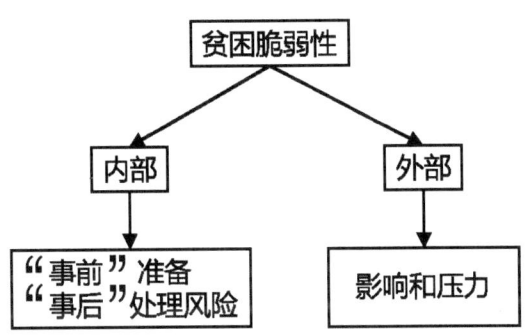

图3-1 贫困脆弱性机制

关于贫困脆弱性的定义有很多,不同的学者从不同视角对这一概念进行了定义。2001年,世界银行在《2000/2001年世界发展报告》中正式提出"贫困脆弱性"的概念,认为贫困脆弱性是对外部冲击恢复力的测度,即外部冲击造成未来福利下降的可能性(World Bank,2001);Mansuri和Healy(2001)从贫困前瞻性的角度定义了脆弱性,认为脆弱性是家庭在未来的N年中至少有一年陷入贫困的概率;Alwang等(2001)在其经典综述中将脆弱性的定义归结为三类:由于外部风险冲击导致的收入/消费的波动、由于外部风险冲击而导致的在未来跌落到贫困线下的概率(预期的贫困)和家庭因风险冲击的福利后果(预期的效用)。自此以后,脆弱性就常被作为风险和家庭对风险反映的函数来被定义和测量。比较典型的如:Chaudhuri等(2002)将其定义为未来陷入贫困的概率,即将家庭在T时的贫困脆弱性定义为它在$T+1$时期陷入贫困的概率;Kuhl(2003)将其定义为一个家庭因为外部风险冲击,其消费水平降低到贫困线以下的可能性。综合而言,贫困和贫困脆弱性是存在相互区别的两个概念。其中,贫困是一静态概念,而贫困脆弱性具有前瞻性,无法事先观测,与未来面临的风险冲击有关。同时,可进一步通过事前估计家庭/个人在未来因为某种外部风险冲击而陷入贫困的概率去预测家庭/个人的贫困脆弱性。

1.1.2 贫困脆弱性测度

随着贫困脆弱性这一动态概念定义的提出，如何测度成为学者关心的问题。由于面板数据能反映贫困脆弱性动态的变化，故而早期关于贫困脆弱性的测度学者多使用面板数据（Christiaensen和Subbarao，2005），然而面板数据在发展中国家比较缺乏。同时，对于很多发展中国家而言，即使是横截面的农户调研数据，许多农户调查研究并没有设计影响农户收入/消费的所有冲击，导致许多数据集关于农户同质性和异质性冲击的信息缺失或非常有限（Günther和Harttgen，2009），这进一步加大了发展中国家贫困脆弱性实证研究的困难。此外，虽然随着发展中国家经济的发展以及学者对贫困问题的进一步关注，在发展中国家涌现越来越多的面板数据（Gloede等，2015），但全面关注农户面临的外部风险冲击及应对策略的面板数据集还相对较少，主要研究还是关注在贫困脆弱性的测度方法探讨和特定的风险冲击对农户消费的影响上。

为了克服发展中国家缺乏贫困脆弱性面板数据集的困难，Chaudhuri等（2002）提出使用横截面数据来测度农户贫困脆弱性的方法，即通过将贫困脆弱性分解为消费波动和消费均值，分析家庭在未来陷入贫困的概率来测度贫困脆弱性。此后，大量学者借鉴此方法在发展中国家开展了一些实证研究（Wan和Zhang，2009；Günther和Harttgen，2009）。本研究也借鉴此研究方法。此外，关于贫困脆弱性的测度还可以使用家庭消费的变动性（Kochar，1995）和预期效用（Foster等，1984）来测量，然而这两种方法多基于面板数据，发展中国家面板数据的缺乏限制了此两种方法的使用。

1.1.3 贫困脆弱性影响因素

关于农户贫困脆弱性的研究，除了上述贫困脆弱性的定义和测度外，贫困脆弱性的影响因素成为另一研究热点。由于贫困脆弱性是通过家庭的消费波动来体现的，而消费的波动是由外部的风险冲击造成的；同时，家庭内部的处理能力高低与消费的波动大小息息相关（图3-2），故而学者多从农户面临的外部风险冲击和内部处理能力两个角度去剖析哪些因素影响其贫困脆弱性。

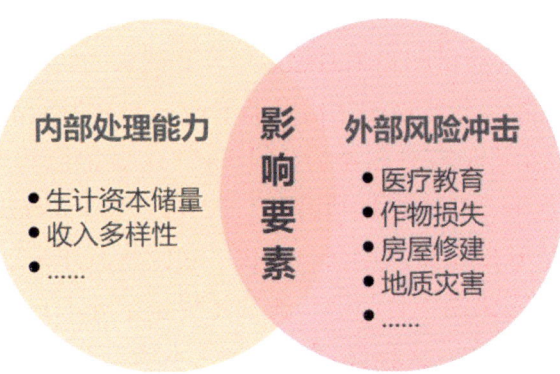

图 3-2　贫困脆弱性影响要素

就外部风险冲击而言，研究常将风险分为同质性风险和异质性风险，探究其二者对农户贫困脆弱性的影响（Günther 和 Harttgen，2009；Heltberg 和 Lund，2009；Damien，2011）。然而由于不同研究对农户面临的风险具体量化指标不一样，这在一定程度上使得同类型研究间缺乏可比性。同时，即使量化指标一样，结果也存在差异。比如，Günther 和 Harttgen（2009）和 Damien（2011）均发现同质性和异质性的冲击均对农户脆弱性有显著影响，但是在同质性和异质性冲击哪个对农户贫困脆弱性的影响更大上二者存在差异。Günther 和 Harttgen（2009）的研究发现同质性冲击对农户脆弱性有更大影响，然而 Damien（2011）的研究却发现异质性冲击，尤其是与健康有关的异质性冲击对农户贫困脆弱性的影响要远大于同质性冲击。此外，纵观已有研究，学者多关注极端气候条件下（如干旱）农作物损失、医疗教育开支（Damien，2011）、婚丧嫁娶、建房等特定冲击对农户贫困脆弱性的影响，少有研究考虑山地灾害（如地震、泥石流、滑坡等）对农户贫困脆弱性的影响。不同于农作物损失、医疗教育开支等对农户造成的冲击，山地灾害具有长期隐蔽性、突然性和致灾性严重的特点，农户几十年的积蓄完全可能因为山地灾害的发生而瞬间损失殆尽。对于中国这个山区大国来说，加强山地灾害对农户贫困脆弱性的影响研究是非常有必要的。

就农户内部处理能力而言,学者多研究农户生计资本储量,收入多样化(尤其是外出务工引起的收入多样化)对家庭贫困脆弱性的影响(Zhang和Wan,2006;Li和Bai,2010;Klasen和Waibel,2014),然而不同的研究却有不同的结果。这种差异主要体现在以下两方面:一是外出务工对农户贫困脆弱性的影响结果却存在差异。Klasen和Waibel(2014)发现劳动力迁移或区域性的回流均有利于家庭收入的多样化,进而有效降低农户贫困脆弱性。然而,Zhang和Wan(2006)用队列分析法比较了从事农业的家庭和非农业家庭的脆弱性程度,发现收入的多样化对降低家庭的脆弱性并没有帮助。二是除了中国的研究外,其他国家少有研究关注社会资本对农户贫困脆弱性的影响。而中国的实证研究表明,家庭层面的社会资本是可以显著降低外部冲击所导致的贫困脆弱性。

综合而言,关于贫困脆弱性的定义、测度、决定因素及政策启示的研究还相对有限(Klasen和Waibel,2014),而关于转型时期中国贫困山区农户贫困脆弱性的研究就更少了。同时,农户面临的外部风险冲击测度指标多比较单一,关注山地灾害对农户贫困脆弱性的影响研究还相对较少。

1.2 农户能力

斯密最早提出"农户能力"一词,将其作为家庭基本的生活需要,认为贫困就是家庭缺乏获取基本生活的需要。因此,农户能力总与贫困研究(理论+实践)紧密相连。然而,关于农户能力测度的研究,标准并不统一,经历了从一维到多维的过渡。在早期的研究中,学者常以农户收入/开支的多寡去反映其能力的大小,认为农户能力是一维的。直到阿玛蒂亚·森提出"能力贫困"的概念后,"农户能力"才被广泛地认为是多维概念。1992年,在大量扶贫实践与理论发展的基础上,联合国环境和发展大会提出"可持续生计"的概念,并主张用农户生计资本的多寡去表征其能力的强弱。在此基础上,学者进一步将农户生计资本维度进行拆分,从二维的有形资产和无形资产,到四维的人力资本、金融资本、社会资本和自然资本,再到今天被广泛采用的英国国际发展署(DFID)生计资本5分法,即细分为人力资本、金融资本、社会资本、物质资本和自然资本(DFID,

1999)。此后，大量与农户能力有关的研究多在DFID可持续生计分析框架下开展，主要集中在生计资本的测度、生计资本与生计策略的关系（郭秀丽等，2015；Xu等，2015）、生计资本与生态保护等方面。

随着山地灾害的频发，越来越多的农村聚落农户生计因为山地灾害冲击而变得不稳定。基于此，学者逐渐开始关注山地灾害对居民造成的冲击及居民的生计响应（Guo等，2014；Iwasaki，2016）。然而这些研究多围绕灾害前后农户生计资本及生计策略的变化展开，少有在可持续生计分析框架的基础上，耦合其他理论/理论框架，定量揭示农户其他行为及其驱动机制。实际上，农户可持续生计分析框架是一开放式框架，可以与其他理论/理论框架进行耦合，用于揭示农户各种行为决策背后的驱动机制。比如，梁义成等（2014）基于微观经济学的理论（局部可分农户模型），将家庭结构视角引入DFID可持续生计分析框架，分析不同家庭结构视角下农户生计策略的形成机制。这启示本研究在可持续生计分析框架基础上耦合个体认知（灾害风险认知+地方感），组建新的理论框架，多视角、多维度去揭示农户避灾准备行为决策机制。

2 农户可持续生计资本

2.1 农户收入两期理论研究模型

关于农户贫困脆弱性的测度框架有很多，本研究主要借鉴Chambers的外部—内部脆弱性分析框架，探究外部风险冲击（尤其是滑坡山地灾害引起的冲击）对农户造成的影响及农户的内部处理能力。提出的农户两期模型，从理论上描述农户收入的增加对其贫困脆弱性的影响。随后，进一步依据持久收入理论，借鉴Chaudhuri（2002）、Zhang和Wan（2006）等研究对农户家庭收入的分解，设定符合中国山区农户的脆弱性测度计量经济模型。

假定农户生活在两期的经济环境中，c_1、y_1、s_1 和 A_1 分别表示第一期的消费、农业收入、储蓄和资产；c_2，y_2 分别表示第二期的消费和农业收入。其中，农业收入是随机分布的。

依据持久收入理论和生命周期理论，农户追求两期的效用最大化，即

$$\underset{c_1,c_2}{Max}\ \mu(c_1)+[1/(1+\delta)]E\mu(c_2) \quad (3.1)$$

$$c_1 = y_1 + A_1 - s_1$$

$$s.t.\ c_2 = y_2 + (1+r)s_1 \quad (3.2)$$

$$s_1 \geq 0$$

Christiaensen 和 Subbarao（2005）在假定农户的效用函数是常绝对风险厌恶函数基础上，求解出农户的最优消费水平为：

$$c_1^* = y_1 + A_1 - S_1^*(y_1) \quad (3.3)$$

$$S_1^* = \phi(y_1 - y^*) \quad if\ y_1 > y_i$$

$$S_1^* = 0 \quad if\ y_1 < y_i \quad (3.4)$$

$$y_i = (\mu_{y_2} - R\delta_{y_2}^2/2) - A_1 - (1/R)\ln[(1+r)/(1+\delta)] \quad (3.5)$$

其中，δ 是时间偏好率，r 为市场利率。由此可以得出农户消费的均值和方差分别为：

$$E(c_1^*) = E(y_1) + A_1 - E[S_1^*(y_1)] \quad (3.5)$$

$$V(c_1^*) = V(y_1) + V[S_1^*(y_1)] - 2\,Cov(y_1, S_1^*) \quad (3.6)$$

假定农户有外出务工收入 g，g_1 和 g_2 分别表示第一期和第二期的收入水平，以此来说明收入来源增加对消费行为的影响。则式（3.5）和（3.6）分别变为：

$$E(c_1^*) = E(y_1) + A_1 + E(g_1) - \int_{h^*}^{y_1+g_1} \vartheta(y_1 + g_1 - h^*) \mathrm{d}h(y_1 + g_1) \tag{3.7}$$

$$V(c_1^*) = V(y_1 + g_1) + V[S_1^*(y_1+g_1)] - 2\rho_{y_1+g_1,\,s_1}\delta_{s_1}\delta_{y_1+g_1} \tag{3.8}$$

$$h^* = (\mu_{y_2+g_2} - R\delta_{y_2+g_2}^2/2) - A_1 - (1/R)\ln[(1+r)/(1+\delta)] \tag{3.9}$$

对上式简化，则为：

$$E(c_1^*) = f_1[E(y_1), E(g_1), \mu_{y_2+g_2}, \delta_{y_2+g_2}^2, R, \delta, r, h(y_1+g_1)] \tag{3.10}$$

$$V(c_1^*) = f_2[V(y_1), V(g_1), \rho_{y_1+g_1,\,s_1}, A_1, \mu_{y_2+g_2}, R, \delta, r, h(y_1+g_1)] \tag{3.11}$$

由（3.10）可知，影响家庭消费均值的因素，可分为如下两部分：家庭的持久收入 $[E(y_1), E(g_1), h(y_1+g_1)]$ 和家庭对未来的预期（$\mu_{y_2+g_2}, \delta_{y_2+g_2}^2, \delta, r$）；由（3.11）可知，影响家庭消费方差的因素可以分为如下三部分：资产和与储蓄有关因素（$A_1, \mu_{y_2+g_2}, \delta_{y_2+g_2}^2, R, \delta, r$）、家庭的收入波动 $[V(y_1), V(g_1)]$ 和其他收入的来源因素 $[V(g_1), \rho_{y_1+g_1,\,s_1}, h(y_1+g_1)]$。

2.2 农户收入两期理论实证模型

根据前文理论模型的推导，通过假定对消费均值回归后的残差具有与农户特征相关的异质性，将回归过程分为三个阶段，分别建立消费均值和消费方差的计量经济模型。

$$\ln(c_i) = \alpha_0 + \alpha_1 Y_i^P + \alpha_2 X_i + e_i \tag{3.12}$$

$$V[\ln(c_i)] = \beta_0 + \beta_1 Y_i^T + \beta_2 B_i + \beta_3 migration_i + \beta_4 Z_i + \varepsilon_i \tag{3.13}$$

式中，$\ln(c_i)$ 表示人均消费金额的对数值；Y_i^P 和 Y_i^T 分别表示家庭的持久性收入和暂时性收入；X_i 表示与家庭消费相关的人口特征和家庭对未来的预期因素等；B_i 表示平滑消费的工具（如家庭的物质资产、储蓄、社会关系网络等）；$migration_i$ 表示家庭外出务工收入占总收入的比重；Z_i 为控制变量；α_i

与 β_i 为待估参数，而 e_i 与 ε_i 是残差项。

其中，Y_i^P 和 Y_i^T 虽然无法直接观测得到，但可以通过回归分解的方法进一步估计得到。本研究对 Y_i^P 和 Y_i^T 的处理方法借鉴了 Zhang 和 Wan（2006），邰秀军等（2009，2012），将影响因素代入（3.12）和（3.13）取得未来消费均值和方差的计量模型。

$$\ln(c_i) = \alpha_0 + \alpha_1 land_i + \alpha_2 saving_i + \alpha_3 hedu_i + \alpha_4 hage_i + \alpha_5 labor_i + \alpha_6 asset_i + e_i \quad (3.14)$$

$$V[\ln(c_i)] = \beta_0 + \beta_1 agriculture\,shock_i + \beta_2 house\,shock_i + \beta_3 hazard\,shock_i + \beta_4 edu\,shock_i$$
$$+ \beta_5 health\,shock_i + \beta_6 saving_i + \beta_7 migration_i + \beta_8 physical\,assets_i + \alpha_3 hedu_i$$
$$+ \alpha_4 hage_i + \alpha_5 labor_i + \varepsilon_i \quad (3.15)$$

其中，在（3.14）中，$land$、$saving$、$hedu$、$hage$、$labor$ 和 $asset$ 分别表示土地面积、存款、户主受教育年限、户主年龄、劳动力数和生产型资产；在（3.15）中，$agricultureshock$、$houseshock$、$hazardshock$、$edushock$、$healthshock$ 分别表示农业损失冲击、房屋建设开支冲击、灾害损失冲击、教育开支冲击和医疗开支冲击。此外，α_i 与 β_i 为待估参数，而 e_i 与 ε_i 是残差项。

2.3 模型指标的选取及定义

由理论推导可知，本研究实质上需要构建影响消费均值和消费方差的两个计量经济模型。

由于消费均值模型以农户人均消费金额的对数为因变量，故而农户人均消费金额的确定尤为关键。首先根据当地各种食物消费平均价格计算农户实物消费金额；在此基础上加上农户自报告的家庭其他大笔开支（如子女教育、医疗卫生、通信交通、房屋和耐用品消费、人情往来、农业各项开支等）金额，确定家庭年消费总金额；最后再除以家庭常住人口数得到农户人均消费金额。而消费均值模型自变量的选取参照 Zhang 和 Wan（2006），邰秀军等（2009，2012）对持久性收入模型的相关设定，认为家庭的持久性收入主要由生产性资产、金融资产和人力资本决定。进一步将其操作化为土地面积、金融资产（存款）、反映农户家庭人力资本的变量（户主受教育年限、户主年龄和劳动力数）及生产性资产的保有量等指标。

使用横截面数据估计未来消费均值和消费方法的FGLS方法，其实质是用消费均值模型回归后的残差平方近似代替了消费方差，故而消费方差模型的因变量为前述消费均值模型残差的平方。自变量的选取将影响家庭消费方差波动的因素分为外部风险冲击（同质性和异质性风险冲击）、农户内部平滑消费的能力、农户能获取的外部支持（如社会关系网络）其他控制变量。

在Échevin（2011）等的研究中，他们将风险分为同质性风险和异质性风险，并认为同质风险和异质风险对农户的影响是不同的。前者在一定的时间段内会影响整个聚落，而后者只影响农户。本研究借鉴他们的界定，也将影响农户家庭脆弱性的风险分为同质性风险和异质性风险，借以测度不同来源的风险对农户家庭消费方差的影响。其中，同质性风险被进一步操作化为农户是否面临农作物受灾损失冲击；异质性风险进一步被操作化为农户是否面临购房/建房冲击、自然灾害损失冲击、疾病开支冲击和子女教育开支冲击四个指标。

此外，研究以农户拥有的物质资产价值和是否有储蓄等指标反映家庭平滑消费的能力，用家庭的借贷网网络规模和外出务工收入占总收入的比重等指标反映家庭可得到的社区/社会支持情况。同时，将反映农户家庭的人力资本指标（如户主受教育年限、户主年龄、家庭劳动力数等）作为模型的控制变量。

各指标的具体定义详见表3-1。当农户有水泵、机动三轮、拖拉机、役畜、其他养殖种植设备等生产型资产中的任意一种时，认为农户有大型生产型资产，该项指标取值为1，否则取0；农业损失冲击的设定以1 000元为界，当农作物因为山地灾害/极端气候（如干旱）而受损损失超过1 000元时取1，否则取0；房屋建设开支冲击的设定同杨龙等（2015），当农户在2014年有建房开支时取1，否则取0；教育开支冲击的设定也同杨龙等（2015），当农户家中有正在上中专/高中/大专/大学的学生时取1，否则取0；医疗开支冲击的设定也同杨龙等（2015），当家庭成员在2014年有住院开支时取1，否则取0；灾害损失冲击是本研究注重关注的指标，当家庭因为山地灾害的冲击而有损失时取1，否则取0。

表3-1 FGLS计量经济模型涉及指标定义

变量	定义
人均消费	农户人均年消费金额(元)
户主受教育年限	户主受教育年限(年)
户主年龄	户主年龄(岁)
劳动力数	农户劳动力数(人)
土地面积	农户正在耕种土地面积(亩)
生产性资产	农户是否拥有大型生产型资产(0=否,1=是)
物质资产	农户物质资产现值(元)
务工收入占比	农户外出务工收入占家庭总现金收入比例(%)
社会网络	农户急需大笔开支时可求助的亲友数量(人)
存款	农户是否有存款(0=否,1=是)
农业损失冲击	农户是否面临农作物受灾损失冲击(0=否,1=是)
房屋建设开支冲击	农户是否面临盖房或购买大型耐用品开支冲击(0=否,1=是)
灾害损失冲击	农户是否面临山地灾害冲击(0=否,1=是)
教育开支冲击	农户是否面临子女教育开支冲击(0=否,1=是)
医疗开支冲击	农户是否面临疾病开支冲击(0=否,1=是)

2.4 描述性统计分析

表3-2显示的计量经济模型各变量的描述性统计分析结果。由表可知，样本农户人均消费金额均值10 318.95元，受灾农户人均消费金额均值在0.01水平上远高于未受灾农户；就家庭人力资本而言，户主平均受教育年限5.62年，平均年龄集中在55岁左右，平均适龄劳动力2.7个。其中，未受灾农户户主平均受教育年限和平均年龄分别在0.05和0.1水平显著高于受灾农户，而家庭适龄劳动力个数无显著差异；就生产性资产而言，样本农户平均正在经营土地面积3.55亩，11%的农户有大型的生产性资产（如牛）。其中，受灾农户平均正在经营土地面积在0.01水平上显著高于未受灾农户，两类农户在大型生产性资产拥有上无显著差异；就物质资产而言，样本农户平均拥有5 994.07元的物质资产，未受灾农户物质资产价

第三章 能力与脆弱性分析

表 3-2 模型变量的描述性统计分析及差异性检验

变量	样本农户 (n=348)		未受灾农户 (n=252)		受灾农户 (n=96)		χ^2值或t值	p
	均值	标准差	均值	标准差	均值	标准差		
人均消费	10 318.95	13 435.63	8 515.28	10 682.59	15 053.59	18 071.13	-3.33***	<0.01
户主受教育年限	5.62	3.28	5.87	3.19	4.94	3.44	2.31**	0.02
户主年龄	54.91	10.24	55.47	10.32	53.45	9.49	1.65*	0.10
劳动力数	2.70	1.23	2.70	1.28	2.71	1.10	-0.07	0.94
土地面积	3.55	3.05	3.25	2.88	4.34	3.36	-2.81***	<0.01
生产型资产	0.11	0.32	0.12	0.33	0.09	0.29	0.76	0.45
物质资产	5 994.07	20 856.79	6 887.20	24 248.45	3 469.58	5 265.01	1.20**	0.05
务工收入比	0.64	0.40	0.66	0.40	0.57	0.40	2.01**	0.05
社会网络	4.63	3.28	4.75	3.40	4.30	2.90	1.15	0.25
存款	0.46	0.50	0.52	0.50	0.29	0.46	14.59***	<0.01
农业冲击	0.47	0.50	0.36	0.48	0.75	0.44	43.12***	<0.01
房屋建设开支冲击	0.28	0.45	0.22	0.42	0.43	0.50	14.51***	<0.01
灾害损失冲击	0.28	0.45	—	—	0.28	0.45	—	—
教育冲击	0.34	0.48	0.33	0.47	0.38	0.49	0.53	0.47
医疗冲击	0.46	0.50	0.46	0.50	0.45	0.50	0.04	0.84

注：*、**、***分别表示在0.1、0.05和0.01水平上显著。

值在0.01水平上显著高于受灾农户；就金融资产而言，46%的样本农户有存款，未受灾农户拥有存款比例在0.01水平上显著高于受灾农户；就同质性风险冲击而言，47%的样本农户面临农作物损失冲击，受灾农户面临农作物损失冲击的比例在0.01水平上显著高于未受灾农户；就异质性风险冲击而言，分别有28%、28%、34%和46%的样本农户面临盖房开支冲击、山地灾害造成损失冲击、子女教育开支冲击和疾病开支冲击。其中，受灾农户在盖房开支和自然灾害造成损失上显著高于未受灾农户，而在子女教育开支和疾病开支上与未受灾农户无显著差异；就农户获得的外部支持而言，外出务工收入占总收入的平均比重为64%，未受灾农户外出务工收入占总收入的平均比重在0.01水平上显著高于受灾农户。家庭急需大笔开支时平均可求助的亲友数为4.63人，未受灾农户和受灾农户在此项指标上差异不显著。

2.5 计量经济模型结果

2.5.1 消费均值模型结果

模型1显示的是影响农户人均消费均值的回归模型结果。由表3-3可知，除了户主年龄对农户人均消费均值影响不显著外，其余指标均在不同显著性水平上对农户人均消费均值影响显著。其中，有存款的农户比无存款的农户平均消费低59.6%；就人力资本而言，户主受教育年限每增加1年，农户劳动力数每增加1人，农户持久的人均消费水平平均提高2.6%和8.6%。根据人力资本理论，户主受教育水平越高，家庭劳动力越多，表明家庭人力资本越高，对应的收入自然相对越高，收入高了家庭平均消费水平自然也越高；此外，农户土地面积每增加1亩，农户持久的人均消费水平平均提高2.5%；拥有大型生产型资产的农户比没有大型生产型资产的农户人均消费水平平均高26.8%。

2.5.2 消费方差模型结果

模型2显示的是同质性风险冲击对农户未来消费方差的影响。White检验结果表明模型2存在异方差结构（χ^2=67.46，$p<0.01$）。由表3-3可知，农业损失冲击

对农户未来消费方差影响不显著。这可能与研究区劳动力在经济利益的驱使下大量迁移（外出务工），家庭收入以务工收入为主有关。农业收入占农户总收入比重小，故而即使面临灾害/农作物减产冲击家庭消费改变也不明显。据调研样本统计，农户非农收入占家庭年现金收入的64%，几乎是农户农业收入的2倍。这一研究结果与Xu等（2015）在三峡库区的研究结果类似，在他们的研究中，农户非农收入占家庭年现金收入的68%。

模型3显示的是异质性风险冲击对农户未来消费方差的影响。White检验结果表明模型2存在异方差结构（χ^2=105.18，$p<0.01$）。由表3-3可知，房屋建设开支冲击和灾害损失冲击对农户未来消费方差有正向显著影响。有房屋建设开支和遭受山地灾害冲击损失的农户其未来消费方差比不面临以上冲击的农户平均高51.3%和26.7%（模型3）。山区的山地灾害具有突发性和破坏性强的特点。不发生则已，一旦发生将会对农户家庭造成巨大的冲击，而首当其冲的冲击是农户的房屋、房屋里的固定资产和土地。同时，即使没有山地灾害摧毁房屋，在农村新建房屋也是一笔大的开支，会显著影响农户未来的消费方差。此外，医疗开支冲击同样对农户未来消费方差有正向显著影响。具体而言，遭受医疗开支冲击的农户其未来消费方差比不面临以上冲击的农户平均高30.3%。

有趣的是，教育开支冲击对农户未来消费方差波动有负向显著影响。具体而言，面临教育开支冲击的农户其未来消费方差比不面临以上冲击的农户平均低26.5%。可能的原因是家庭有大笔的教育开支是可预期的，农户会提前做好相应的措施去应对这种冲击（如减少开支、储蓄、外出务工等）。

通过对比模型2和模型3的结果发现，存款和务工收入占比对减缓农户面临的风险冲击有极其显著的作用，但对同质性风险冲击的缓解作用强于对异质性风险冲击的缓解作用。具体而言，在面对农业损失冲击和异质性风险冲击（房屋建设开支冲击和灾害损失冲击）时，有存款的农户比没有存款的农户未来消费方差波动平均低47.2%（模型2）和30.7%（模型3），农户务工收入占比每增加1%，农户未来消费方差波动平均降低24.7%（模型2）和27.0%（模型3）。一般而言，房屋建设开支冲击和灾害损失冲击对农户造成的冲击，会远远大于农作物损失对农户造成的冲击，故而对抵御风险能力相同的农户来说，其抵抗同质性风险的冲击能力更强。此时，农户外出务工的收入一方面用于抵御外部风险的冲击；另一方面用于储蓄，以便防范将来可能出现的外部风险冲击。此外，值得注意的是，农户的社会关系网络对其未来消费方差波动无显著影响。

表3-3 外出务工对山地灾害威胁区农户贫困脆弱性的计量模型结果

变量	模型1 $\ln(c_i)$	模型2 $V[\ln(c_i)]$	模型3 $V[\ln(c_i)]$
存款	−0.596***	−0.472***	−0.307***
	(0.090)ᵃ	(0.099)	(0.093)
务工收入占比		−0.247*	−0.270**
		(0.149)	(0.135)
ln(物质资产)		0.036	0.001
		(0.033)	(0.031)
社会网络		0.006	−0.004
		(0.015)	(0.013)
户主受教育年限	0.026*	0.020	0.031**
	(0.014)	(0.014)	(0.013)
户主年龄	−0.001	−0.002	−0.003
	(0.004)	(0.005)	(0.005)
劳动力数	0.086**	−0.012	−0.004
	(0.037)	(0.045)	(0.040)
房屋建设开支冲击			0.513***
			(0.101)
医疗开支冲击			0.303**
			(0.147)
教育开支冲击			−0.265**
			(0.110)
灾害损失冲击			0.267***
			(0.098)
农业损失冲击		0.112	
		(0.090)	
土地面积	0.025*		

续表

变量	模型1 $\ln(c_i)$	模型2 $V[\ln(c_i)]$	模型3 $V[\ln(c_i)]$
	(0.014)		
生产型资产	0.268**		
	(0.134)		
常数项	8.636***	0.640	0.700*
	(0.312)	(0.398)	(0.374)
F统计量	8.66***	5.11***	7.90***
观察值个数	348	348	348
R^2	0.132	0.108	0.206

括号中的数据为系数对应的标准误；,**,***分别表示在0.1,0.05和0.01水平上显著。

3 农户生计/贫困脆弱性

上一部分着重探索了外部冲击对农户贫困脆弱性造成的影响及农户家庭内部的缓解机制，尤其关注外出务工对缓解农户面临外部冲击的影响，忽略了社区应对能力对农户抵抗外部冲击的抑制。居民作为社区中的个体，其对山地灾害冲击的敏感性和应对能力可能受社区应对能力的影响（如基础设施投入、防灾减灾投入），然而已有研究却少有考虑社区应对能力对农户抵抗外部冲击的抑制。基于此，在农户可持续生计和暴露—敏感性—恢复力研究框架的指导下，将农户生计资本和社区应对能力引入到恢复力维度的测度中，尝试从农户和社区双重尺度探究山地灾害对农户造成的冲击及农户的响应（应对能力）。

3.1 理论框架及指标选取

研究使用农户可持续生计和暴露—敏感性—恢复力分析框架，参考DFID（1999），Domestic Household Survey（2006），Hahn等（2009），Antwi-Agyei等

（2013），Shah等（2013），Xu等（2015），JeanYves等（2016）等研究对农户生计资本和暴露–敏感性–恢复力维度指标的设定，考虑社区应对能力，结合研究区实际构建指标体系（表3-4和图3-3）。

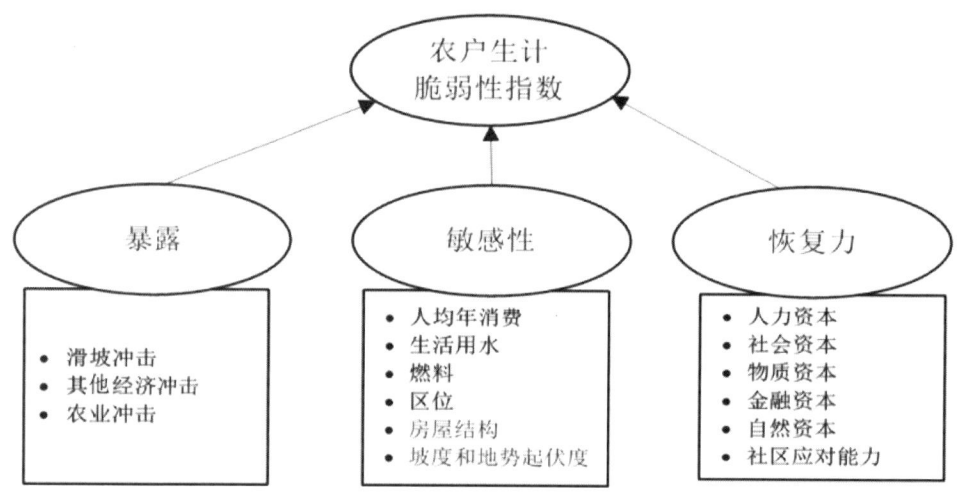

图3-3　暴露—敏感性—恢复力研究框架

暴露维度旨在反映农户面临的外部冲击情况。山地灾害威胁区的农户一直处于脆弱性的环境中，不仅要面临山地灾害的冲击，还要面临小孩上学、家人生病及建房等其他大笔开支冲击。此外，农作物也可能因为干旱/灾害等原因减产甚至绝收。基于此，为了全面刻画农户面临的脆弱性环境，研究选取山地灾害损失冲击、农业损失冲击和其他经济冲击测度暴露维度。其中，滑坡损失冲击和农业损失冲击反映气候变化对农户的冲击，其他经济冲击反映大笔经济开支对农户的冲击。阈值的设定参考JeanYves等（2016）的研究——当某项外部冲击给农户造成的损失超过农户人均消费的25%时，认为农户遭受此项冲击。

敏感性维度旨在反映农户对外部冲击的敏感程度。一般而言，当外部冲击对农户造成重大影响时，农户消费会产生比较大的波动。当农户资产不足以应对这些冲击时，农户会倾向于产生借贷行为。同时，由于研究区是滑坡频发区，农户生活用水、燃料和房屋结构等都易受滑坡影响。基于此，研究选取农户年人均消费支出、债务、生活用水、做饭燃料和房屋结构作为测度农户敏感性维度的指

第三章 能力与脆弱性分析

表 3-4 三峡库区农户生计脆弱性指数（HLVI）组成维度指标及来源 a

维度	测度指标	测度指标的定义解释	指标来源
人力资本	抚养比	16岁以下64岁以上人口占家庭总人口数比例(%)。	Domestic Household Survey (DHS); Hahn 等；Shah 等；Gerlitz 等
	健康指数	家庭成员自评身体健康指数家庭成员总数	修正于 Antwi-Agyei 等
	劳动力受教育年限	农户家庭劳动力最大受教育年限（年）	Xu 等；Cao 等
	技能	14~64岁劳动力中掌握有技能的人数占总劳动力数比例(%)	新加入的指标
自然资本	土地面积	农户正在经营人均土地面积（亩）	Antwi-Agyei 等；Cao 等；Gerlitz 等
金融资本	存款	农户是否有存款(0=否，1=是)	Xu 等；Xu 等
	年现金收入	家庭去年年现金收入（万元）	Xu 等；Xu 等
社会资本	政治声音	家庭亲戚中是否有村干部？(0=否，1=是)	Gerlitz 等
	金钱帮助	农户急需大笔开支时可求助的亲友数（人）	Xu 等；Xu 等
	贷款	如果向银行贷款，是否能贷到？(0=否，1=是)	Xu 等
物质资本	生产型资产	农户是否有耕牛？(0=否，1=是)	修正于 Antwi-Agyei 等
	信息媒介	农户是否有收音机、电视或手机等移动设备？(0=否，1=是)	Antwi-Agyei 等
	房屋价值	农户拥有房屋现值（万元）	Xu 等
生计策略	总类	家庭谋生方式总类	新加入的指标

续表

维度		测度指标	测度指标的定义解释	指标来源
社区应对能力		道路投资	近5年村落道路投资(万元)	新加入的指标
		治理投资	近5年灾害治理投资(万元)	新加入的指标
		防治人员	灾害防治人员规模(人)	新加入的指标
		群测群防	近5年群测群防投资(万元)	新加入的指标
敏感性		人均年消费	家庭年人均消费支出(万元)[a]	Gerlitz等
		债务	过去5年是否有向亲朋好友借款或向银行贷款?(0=否,1=是)	修正于Gerlitz等
		生活用水	家庭生活用水是否有困难?(0=否,1=是)	修正于Hahn等;Shah等
		燃料	农户做饭的主要燃料是否为固态燃料?(0=否,1=是)	IEA;Gerlitz等
		区位	农户到最近县城中心的距离(公里)	Gerlitz等
		房屋结构	房屋是否是钢筋混凝土结构?(0=否,1=是)	新加入的指标
		坡度	农户的土地大部分是否位于陡坡上?(0=否,1=是)	Jodha
		地势起伏度	村落土地地形起伏度是否大于30?(0=否,1=是)	新加入的指标
暴露		滑坡冲击	最近5年,家里是否遭受滑坡冲击?(0=否,1=是)	修正于Gerlitz等
		其他经济冲击	家里是否遭受生病建房上学等大笔开支冲击?(0=否,1=是)	修正于Gerlitz等
		农业冲击	家里的农作物是否因为灾害天气原因减产?(0=否,1=是)	新加入的指标

[a] 除了特殊说明(如近5年),本表中的所有数据都是2014年一年数据。

标。此外，研究区是中国西部典型的山区。农户在陡坡和地形起伏度比较大的土地上进行农业生产会加速水土流失，在强降雨的作用下引发滑坡。因此，研究也将坡度、平均地势起伏度作为测度农户敏感性维度的指标。

恢复力维度旨在反映农户面临外部冲击时的应对能力和所采取的生计策略。在相关研究中，学者通常以农户的生计资本来反映农户的应对能力（Antwi-Agyei 等，2013；JeanYves 等，2016），以农户的谋生手段种类多寡来反映农户的生计策略。本研究也采取这种划分。将农户的生计资本划分为人力资本、物质资本、社会资本、自然资本和金融资本五类，并结合中国山区的实际，采用具体的指标对各类资本进行测度。此外，区别于同类研究，本研究在测度恢复力维度时，不仅考虑到农户的生计资本和生计策略，还考虑了社区应对能力对农户脆弱性的抑制。具体用近五年道路投资、灾害治理投资、灾害防治人员规模、群测群防体系投资等几个指标测度社区应对能力。

3.2 研究方法——熵值法

在暴露—敏感性—恢复力框架下选取指标体系后，为了得到客观的评价结果，研究采用熵值法求取各个指标的权重和各个维度的综合指数。熵值法的步骤简介如下：

1）指标数据的无量纲化处理

由于原始指标具有不同的量纲，为了便于比较，需对原始指标进行无量纲化处理。方法如下：

$$Y_{ij} = \frac{X_{ij} - \min(X_{1j}, X_{2j}, \cdots, X_{nj})}{\max(X_{1j}, X_{2j}, \cdots, X_{nj}) - \min(X_{1j}, X_{2j}, \cdots, X_{nj})} *100, i=1,2,\cdots,n; j=1,2,\cdots,m \quad (3.16)$$

式中：Y_{ij} 为原始指标数据进行无量纲化处理后的得分，X_{ij} 为样本的实际值，$X_{\max}$ 为该指标序列的最大值，$X_{\min}$ 为该指标序列的最小值。

2）计算指标值的比重

计算第 j 项指标下，第 i 户农户指标值的比重 P_{ij}（公式3.17）：

$$P_{ij} = Y_{ij} / \sum_{1}^{m} Y_{ij}, m = 1,2,3\cdots \tag{3.17}$$

3）计算指标的熵值

计算指标的熵值 E_j（公式3.18）：

$$E_j = -k \sum_{i=1}^{m} P_{ij} \ln(P_{ij}) \tag{3.18}$$

式中：$k>0$，ln 为自然对数，$E_j \geq 0$。设 $k=1/\ln(m)$，于是有 $0 \leq E_j \leq 1$。

4）计算指标的差异性系数

计算第 j 项指标的差异性系数 G_j（公式3.19）：

$$G_j = 1 - E_j \tag{3.19}$$

式中：G_j 反映了指标数据值的差异性大小。数据差异性越大，则 G_j 越大，该指标的权重就越大；当某项指标下的数据完全相等时，差异性系数最小，为0。

5）确定指标权重

确定指标权重 W_j（公式3.20）：

$$W_j = G_j / \sum_{j=1}^{n} G_j, n = 1,2,3\cdots \tag{3.20}$$

6）计算农户单指标评价得分

计算第 i 户农户第 j 项指标的评价得分 S_{ij}（公式3.21）

$$S_{ij} = W_j * Y_{ij} \tag{3.21}$$

7）计算生计脆弱性指数得分

确定每个指标的权重和评价得分后，可以通过加总各个维度的综合得分得到生计脆弱性指数（HLVI）（公式3.22）。其中，研究做了 AC_i，S_i 和 E_i 对 $HLVI$ 贡献相同的假定，以及 HC_i，NC_i，FC_i，SC_i，PC_i，CP_i，CA_i 对 AC_i 贡献相同的假定。

$$HLVI_i = AC_i + S_i + E_i = HC_i + NC_i + FC_i + SC_i + PC_i + CP_i + CA_i + S_i + E_i \tag{3.22}$$

式中：$HLVI_i$ 为农户生计脆弱性指数得分，AC_i 表示恢复力维度得分，S_i 表示敏感性维度得分，E_i 表示暴露维度得分。其中，AC_i 又可分为 HC_i，NC_i，FC_i，SC_i，PC_i，CP_i，CA_i 6个小部分，分别表示农户的人力资本、自然资本、金融资本、社会资本、物质资本、应对策略和社区应对能力。

3.3 农户生计脆弱性描述性统计分析

表3-5显示的是农户生计脆弱性测度指标体系的基本统计量及权重。就暴露维度而言，分别有51%和34%的农户面临滑坡和农作物损失冲击，有96%的农户面临大笔的经济开支冲击。

就敏感性维度而言，在2014年，农户人均年消费均值1.03万元，58%的农户有债务。在生活用水和燃料方面，27%的农户生活用水有困难，81%的农户使用固态燃料作为做饭主要燃料。在住房结构方面，77%的农户房屋结构为钢筋混凝土。在交通通达性方面，农户距离市场的平均距离为7.56千米。此外，分别有70%和69%的农户在陡坡和地势起伏度比较大的土地上从事农业生产。

恢复力维度的测度相对比较复杂，研究以2014年农户的生计资本状况，采取的谋生方式种类及社区的适应能力三部分综合测度此维度。就人力资本而言，农户的平均抚养比为32%，家庭成员平均健康指数为3.34，劳动力平均最高受教育年限为8.34年，平均有12%的劳动力掌握有技能；就自然资本而言，农户平均正在经营土地面积为1亩；就金融资本而言，46%的农户有存款，农户年现金收入为1.34万元；就社会资本而言，16%的农户亲戚中有村干部。当农户急需大笔开支时，可平均向4.63人求助。此外，59%的农户能够到银行贷到款；就物质资本而言，96%的农户有信息媒介，但仅有11%的农户家里有耕牛。此外，农户的房屋现值平均为9.94万元；就生计策略而言，农户平均有2.96种谋生方式种类；就社区适应能力而言，近5年道路平均投资43.60万元，滑坡治理平均投资40.66万元，群测群防体系平均投资7.07万元。

利用熵值法求得构成各个维度指标的权重。由表3-5可知，物质资本中的信息媒介权重最大，达到0.088 85。政治声音、做饭燃料、年现金收入和技能权重也相对较高，均达到0.06以上。值得注意的是，坡度和平均地势起伏度这两个反映山区地形的指标所占权重也很高，均在0.05以上。与这些高权重的指标相对应，平均健康指数、信息媒介、其他经济冲击、人均年消费和区位这些指标的权重相对比较低，均在0.015以下。

表3-5 农户生计脆弱性测度指标基本统计量及权重

维度	指标	均值	标准差	权重
人力资本	抚养比	0.32	0.28	0.016 05
	健康指数	3.34	0.91	0.014 18
	劳动力受教育年限	8.34	3.82	0.016 73
	技能	0.12	0.22	0.061 26
自然资本	土地面积	1.00	1.04	0.027 34
金融资本	存款	0.46	0.50	0.037 55
	年现金收入	1.34	4.21	0.063 30
社会资本	政治声音	0.16	0.37	0.075 21
	金钱帮助	4.63	3.28	0.019 57
	贷款	0.59	0.49	0.028 89
物质资本	生产型资产	0.96	0.19	0.013 19
	信息媒介	0.11	0.32	0.088 85
	房屋价值	9.94	11.67	0.031 87
生计策略	总类	2.96	1.08	0.018 09
社区应对能力	道路投资	43.60	82.99	0.051 63
	治理投资	40.66	10.69	0.016 24
	防治人员	13.33	10.74	0.030 34
	群测群防	7.07	9.50	0.035 15
敏感性	人均年消费	1.03	1.34	0.012 89
	债务	0.58	0.49	0.040 53
	生活用水	0.27	0.44	0.021 83
	燃料	0.81	0.40	0.069 07
	区位	0.77	0.42	0.020 11
	房屋结构	7.56	8.06	0.012 43
	坡度	0.70	0.46	0.052 02
	地势起伏度	0.69	0.46	0.052 02
暴露	滑坡损失冲击	0.51	0.50	0.035 43
	农业损失冲击	0.34	0.47	0.025 06
	其他经济冲击	0.96	0.19	0.013 19

3.4 样本村落农户生计脆弱性指数分析

3.4.1 样本村落农户生计脆弱性指数综合得分

图3-4显示的是样本村落农户生计脆弱性指数综合得分。由图可知，奉节县和万州区在农户生计脆弱性综合得分上既存在区域性的差异，又存在一定的共性。就区域性的差异而言，奉节县农户生计脆弱性综合得分相对较高；而万州区农户生计脆弱性综合平均得分相对较低。具体而言，奉节县的草坪村、石堰村和无山村农户生计脆弱性综合得分平均得分均在64分以上，而万州区的治华村、龙泉村、其林村、万顺村和玉竹村农户生计脆弱性综合得分平均得分均在50分以下。就区域性的共性而言，如果以农户生计脆弱性综合得分为50分作为村落是否脆弱的分界线，那么不管是奉节县还是万州区，近5年发生过滑坡的样本村落其农户生计脆弱性综合得分均在50分以上，相对比较脆弱，而未发生过滑坡的村落其农户生计脆弱性综合得分均在50分以下，相对没那么脆弱。但同时应该注意到，即使在未发生滑坡的村落中，农户生计脆弱性综合得分最小的玉竹村也有44.60分，比分界线50分仅少了5.4分。

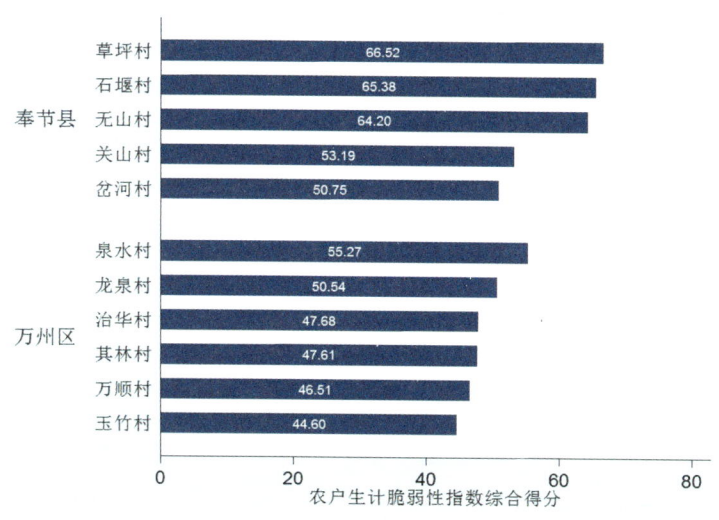

图3-4 样本村落农户生计脆弱性综合得分

3.4.2 样本村落农户生计脆弱性子维度综合得分

图3-5显示的是样本村落暴露–敏感性–恢复力子维度综合得分情况。就暴露维度而言，奉节县的5个样本村该项维度得分均显著高于万州区的样本村（所有 t 检验对应的 p 值均小于0）。其中，关山村暴露维度得分最高，达到6.66分。岔河村暴露维度得分最低，也有4.73分，显著高于万州区此项维度得分最高的龙泉村（$p<0.01$）。出现这种情况的原因是奉节县的5个样本村在2014年遭遇了特大的滑坡损失冲击。滑坡导致一些农户房屋、土地被毁，增加了农户开支（严重的造成外部经济冲击）。同时注意到，万州区的泉水村和龙泉村此项维度得分也均高于区域内其他样本村，其原因也在于此两个样本村在近5年内发生过滑坡，部分农户的土地被摧毁，导致暴露得分增加。

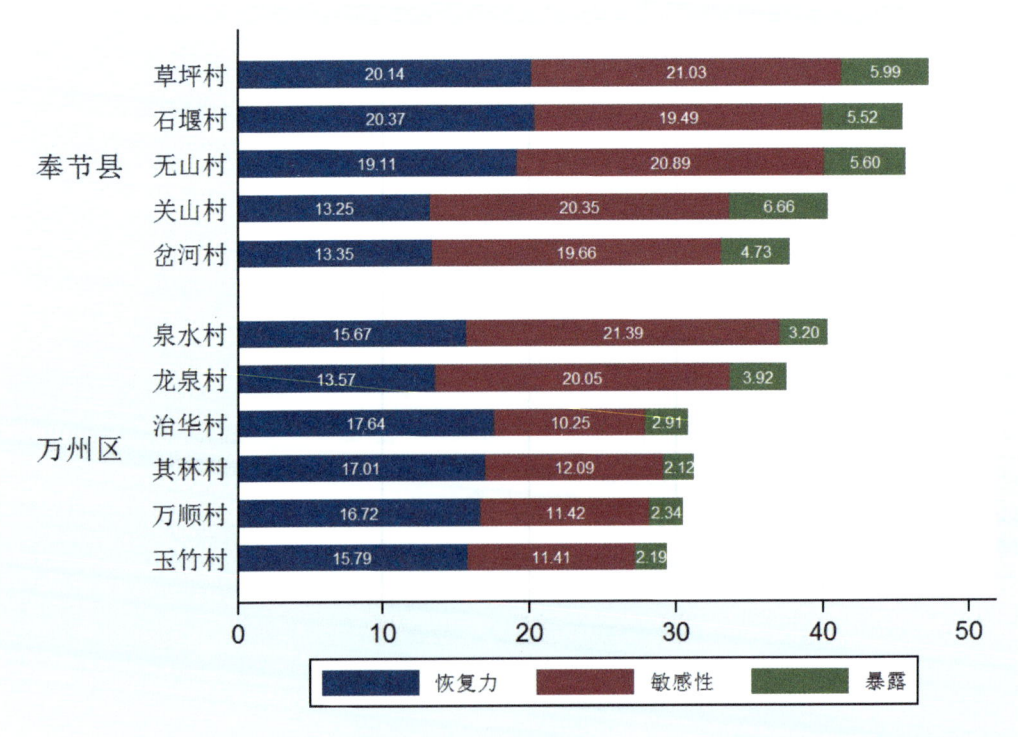

图3-5　样本村落暴露—敏感性—恢复力综合得分

样本村落敏感性维度得分与暴露维度得分有相近的趋势。即近5年遭受过滑坡损失冲击的村子其敏感性得分均显著高于未遭受滑坡损失冲击的村子（所有t检验对应的p值均小于0）。具体而言，万州区的泉水村此项维度得分最高，达到21.39分，玉竹村此项维度得分最低，仅11.41分。奉节县区域内几个样本村此项维度得分差异不显著，岔河村得分最低（19.66分），草坪村得分最高（21.03分）。

恢复力维度得分与各个村落自身的特质有关，没有明显的规律性。在奉节县内，石堰村、草坪村和无山村该项维度得分相对较高，均达到19分以上，显著高于县内其余2个样本村落（关山村和岔河村）。然而在万州区内，不管样本村近5年受滑坡损失冲击与否，该项维度得分均没有奉节县内那么大的差异。其中，治华村该项维度得分最高（17.64分），龙泉村得分最低（13.57分）。

3.4.3 样本村落农户生计脆弱性指数各组成部分占比

图3-6显示的是农户生计脆弱性指数各组成部分占比情况。就暴露和敏感性维度而言，受滑坡损失冲击的村落比未受滑坡损失冲击的村落得分占比高。同时，暴露维度得分占比越高的村落，其敏感性维度得分占比也相对越高。就恢复力维度而言，奉节县和万州区存在区域性差异。在奉节县内，村落社区应对能力得分占比差别明显。其中，草坪村、石堰村和无山村占比均达到15%以上，而其余村落得分占比均在10%以下。农户的人力资本、自然资本、物质资本及采取的生计策略得分占比无显著差别。金融资本得分占比，除了关山村相对较大以外（8%），其余各个村落占比均在3%左右。社会资本得分占比，除了石堰村相对较大以外（12%），其余各个村落无显著差别。然而在万州区内，除了自然资本、金融资本和生计策略以外，受滑坡损失冲击的村落在人力资本、社会资本、物质资本和社区适应能力得分占比上均与未受滑坡损失冲击的村落存在一定的差异。其中，人力资本、社会资本和物质资本得分占比受滑坡损失冲击的样本村比未受滑坡损失冲击的样本村要小得多，而社区适应能力得分占比受滑坡损失冲击的样本村比未受滑坡损失冲击的样本村要大一些（比如，受滑坡损失冲击的泉水村，该项维度得分占比为10%，远远高于未受滑坡损失冲击的玉竹村和其林村）。综合比较而言，除了自然资本和生计策略得分占比，恢复力维度中其他小维度得分占比

受滑坡损失冲击的样本村均与未受滑坡损失冲击的样本村存在一定的差异。而这些差异中，除了社区适应能力得分占比受滑坡损失冲击的样本村要高一些外，其余各个小维度（人力资本、社会资本和物质资本）得分占比受滑坡损失冲击的样本村均要低一些。

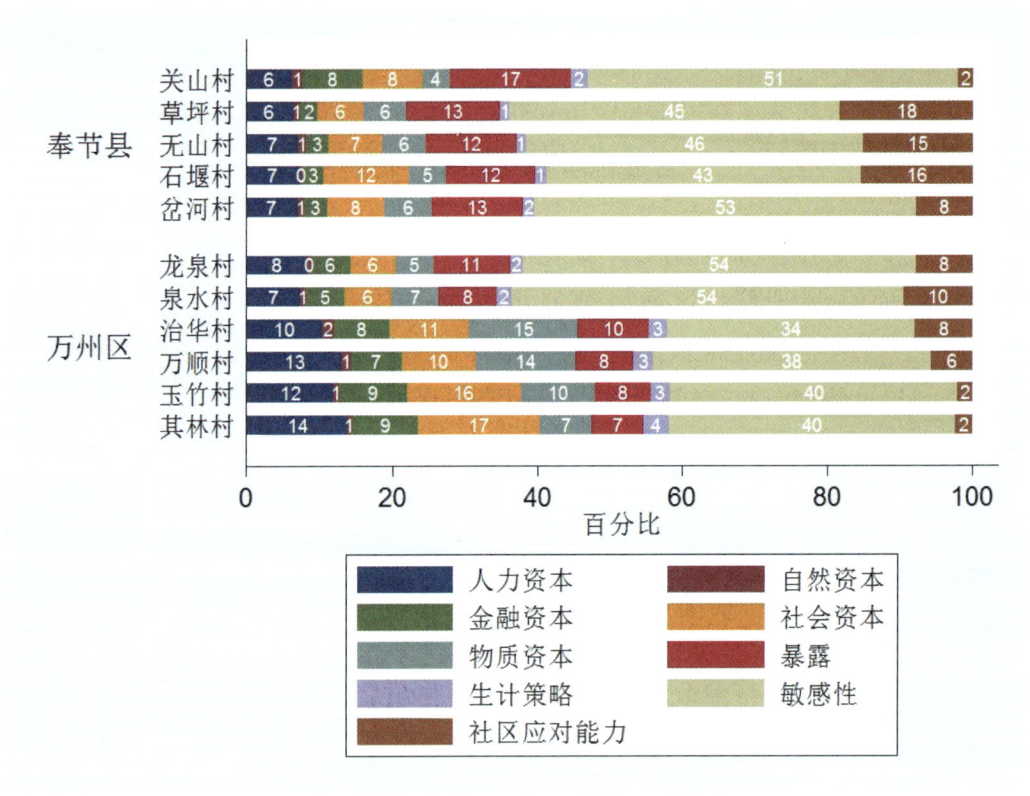

图 3-6　样本村落农户生计脆弱性指数各组成部分占比

3.5　样本农户生计脆弱性指数分析

参考 Hahn 等（2009）研究对农户生计脆弱性程度的划定，研究以农户生计脆弱性指数综合得分 50 分为分界线，将农户生计脆弱性指数综合得分高于 50 的农户划分为脆弱性群体（高脆弱性群体），将农户生计脆弱性指数综合得分低于 50 的农户划分为非脆弱性群体（低脆弱性群体）。利用独立样本 t 检验分析高低脆弱性群体暴露-敏感性-恢复力得分及综合得分差异，分析脆弱性不同来源得分差异。

3.5.1 高低生计脆弱性农户暴露-敏感性-恢复力得分及综合得分

图3-7显示的是高低生计脆弱性农户暴露—敏感性—恢复力得分及综合得分情况。由图可知，非脆弱性群体在暴露、敏感性、恢复力得分及综合得分上均显著低于脆弱性群体（t检验对应的p值均小于0.01）。对两类群体而言，敏感性维度和恢复力维度得分均显著高于暴露维度得分（t检验对应的p值均小于0.01）。在非脆弱性群体中，敏感性维度得分显著高于恢复力维度得分（$p<0.01$）。然而在脆弱性群体中，敏感性维度得分虽低于恢复力维度得分，但二者差异并不显著（$p=0.16$）。

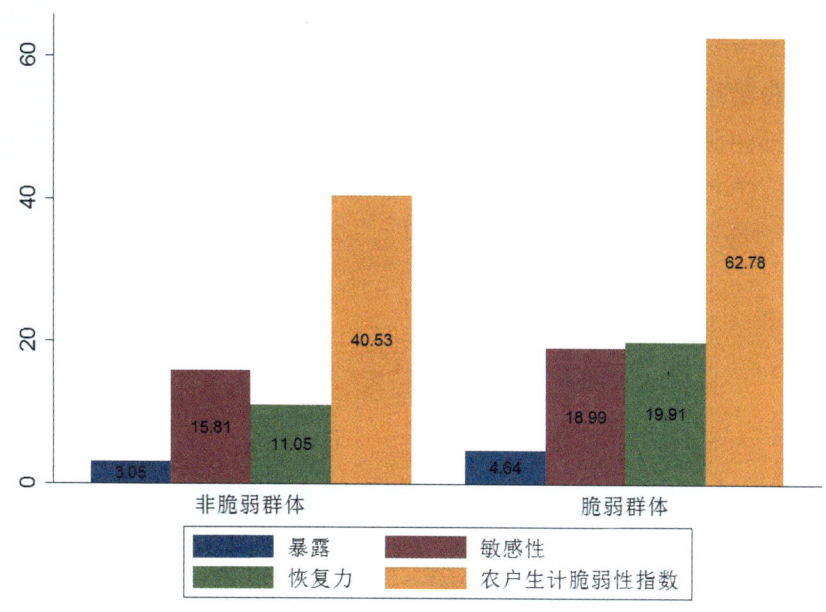

图3-7　高低生计脆弱性农户暴露—敏感性—恢复力得分及综合得分

3.5.2 不同脆弱程度农户生计脆弱性指数各组成部分占比

图3-8显示的是不同脆弱程度农户生计脆弱性指数各组成部分占比情况。由图可知，非脆弱性群体在各个子维度上的得分均低于脆弱性群体。其中，除了自

然资本两类群体差异不显著外（p=0.58），其余各个子维度得分均存在显著差异（t检验对应的p值均小于0.01）。

对比高低脆弱性群体恢复力得分构成发现，脆弱和非脆弱群体用于抵抗外部冲击的资本存在差异，也存在共性。就差异而言，脆弱性群体主要借助社会资本和社区应对能力两项方式抵抗外部冲击。两类资本得分均值分别为4.49和4.20分，显著高于其他各类资本得分。此外，物质资本和人力资本也是其抵抗外部冲击的手段，该两类资本得分显著高于自然资本和生计策略得分。而在非脆弱群体中，农户主要借助人力资本和社区应对能力应对外部冲击（两类应对方式得分均值分别为2.60分和2.45分），物质资本和社会资本减缓外部冲击的作用相对较小。就共性而言，社区应对能力始终是减弱外部冲击对农户影响的有效手段（两类群体该项维度得分均比较高，分别为4.20分和2.45分）。同时，自然资本和金融的缺乏以及生计策略的相对单一均不利于农户抵抗外部冲击（该几项资本得分在两类群体中均比较低）。

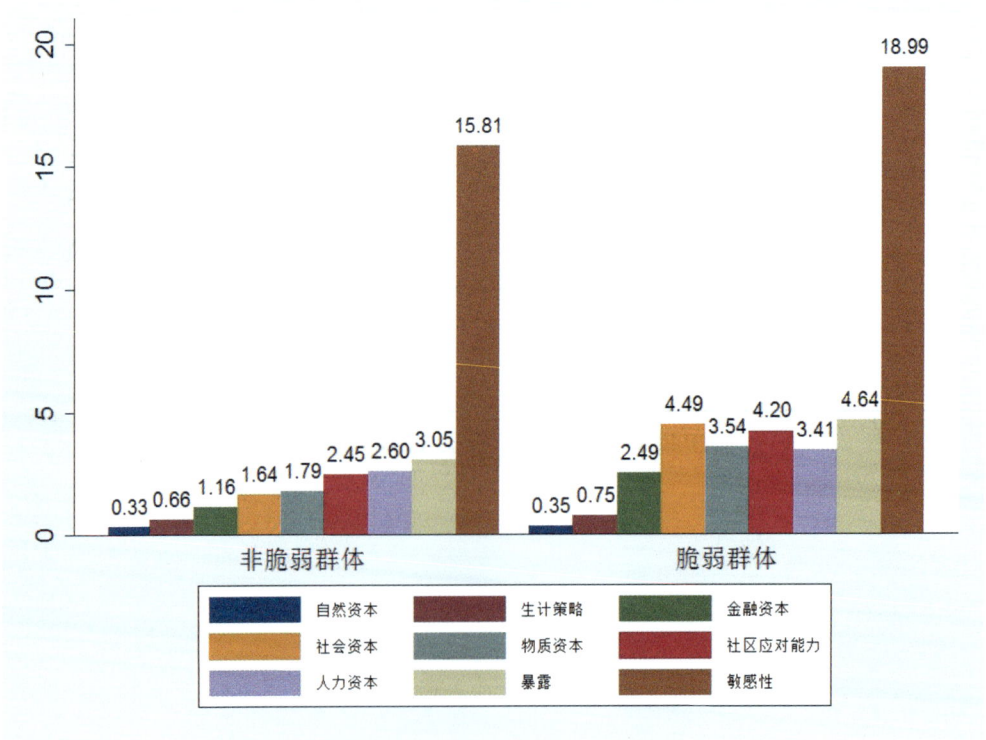

图3-8　不同脆弱程度农户生计脆弱性指数各组成部分占比

第三章 能力与脆弱性分析

4 研究小结

在本章，研究主要做了两方面的探索：一是在农户两期收入模型的基础上，借鉴外部风险冲击-内部处理能力分析框架，构建FGLS计量经济模型探究外部风险冲击（尤其是山地灾害冲击）对农户造成的影响及农户内部的处理能力（尤其关注外出务工）；二是在农户可持续生计和暴露-敏感性-恢复力分析框架指导下，将农户生计资本和社区应对能力耦合进农户恢复力维度测度中，进而使用客观评价的熵值法获得各个指标权重和求得暴露、敏感性和恢复力各维度综合得分。以上探索得到以下两点结果：

（1）就外部风险冲击及农户内部应对能力而言，山地灾害冲击、健康冲击和房屋冲击是影响农户贫困脆弱性的主要因素，而储蓄和外出务工是农户缓解外部冲击的有效方式。具体而言，表征异质性风险的山地灾害冲击、健康冲击和房屋冲击对农户贫困脆弱性有正向显著影响，遭受房屋冲击、健康冲击和山地灾害冲击的农户其未来消费方差比不面临以上冲击的农户平均高51.3%、30.3%和26.7%；面临外部风险冲击时，有存款的农户比没有存款的农户未来消费方差波动平均低47.2%和30.7%，农户务工收入占比每增加1%，农户未来消费方差波动平均降低24.7%和27.0%；此外，表征同质性风险的农业冲击对农户贫困脆弱性影响不显著，农户的社会关系网络对其减弱外部风险冲击无显著的作用。

（2）就农户生计脆弱性指数测度结果而言，发生过滑坡的村落，农户暴露维度和敏感性维度得分均比较高，表现出高脆弱性伴随着高敏感性的特征；农户的生计资本和采取的生计策略始终是其抵抗外部冲击的重要手段。脆弱群体主要借助社会资本和社区应对能力两项方式抵抗外部冲击，非脆弱群体主要借助人力资本和社区应对能力应对外部冲击；社区的应对能力能有效减弱外部冲击对农户生计脆弱性的影响，而自然资本和金融资本的缺乏以及生计策略的相对单一均不利于农户抵抗外部冲击。

第4章 灾害背景下的个体风险认知与地方感

1 灾害风险认知

1.1 灾害风险认知的内涵与研究实践

1.1.1 灾害风险认知国内外研究现状

在早期的研究中,风险常被当作一维概念,被定义为能同时造成正向或负向的结果。随着研究的深入,学者逐渐意识到单一维度定义风险的不足,开始从多维角度出发对风险进行定义。如谢晓非等(1995)将风险定义为事件发生的概率与其后果的函数;Sitkin和Pablo(1992)从结果的不确定性、预期和可能性三个维度定义风险,认为风险是决策中不想要的结果,有不确定性的存在。总结而言,风险总是与事件的不利影响和不确定性相联系的。对风险的不同理解也造成了风险认知概念的差别。风险认知有广义和狭义上的区分,常常用来表征人们对风险的特征和严重性做出的主观判断,是测量公众心理恐慌的指标。早期学者多从主体对风险发生的概率及其后果两方面对风险认知进行定义。后来,随着文化

第四章 灾害背景下的个体风险认知与地方感

理论被引入风险认知研究后,学者们对风险认知的定义由原来的关注风险本身逐渐开始向关注社会文化因素转变。如Wildavsky和Dake(1990)认为风险认知是一种超越个体、反映价值和表征历史和意识形态的文化建构概念。

图4-1 灾害风险认知研究内容

在风险认知概念提出以后,国外涌现了大量关于风险认知的研究成果(图4-1)。其中,有学者在研究主体人对自然灾害的响应时,在风险认知视角的基础上提出了灾害风险认知的概念。其中,比较经典的定义是Downs(1970)提出来的,他认为灾害风险认知是个体接受灾害相关信息(含知识),并采取逃避、防范灾害等态度/行为的判断过程。

通过梳理国外风险认知和灾害风险认知的相关研究,结果发现主要集中在以下几个方面:一是(灾害)风险认知的定义和理论框架/范式的探索研究。关于这部分的内容详见前文概念和理论框架的介绍。

二是（灾害）风险认知的维度划分研究。这部分内容将于下一小节进行详细展开。

三是不同群体对（灾害）风险的认知/感知研究。其中，比较典型的如Dominey-Howes和Minos-Minopoulos（2004）基于希腊圣托里尼岛居民调研数据，实证分析了居民对当地活火山喷发潜在危险的感知及其影响因素。结果表明，青年人和老年人、政府官员和普通居民对灾害风险的感知存在显著差异，且当地居民对未来火山喷发的风险认知总体出于很高水平；Li（2009）基于澳大利亚达尔文市居民调研和深度访谈数据，研究了民众对风暴灾害安全风险的感知差异。结果表明，短期居住者与长期居住者、非专业人士与专业人士在风险认知上存在显著差异和分歧（图4-2）。

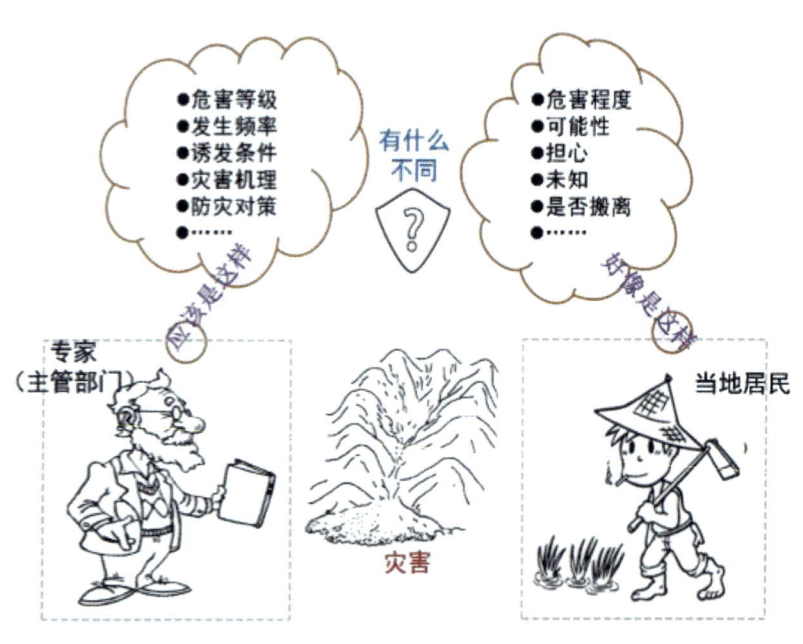

图4-2 专家与当地居民对山地灾害的不同认知视角

四是不同群体基于不同（灾害）风险认知的响应研究，研究内容涉及居民灾害风险认知对假设情境中居民搬迁意愿的影响（Riad，1998；Lazo等，2015），灾

第四章 灾害背景下的个体风险认知与地方感

害风险认知对居民实际搬迁行为的影响（Lindell等，2005；Tobin等，2011），灾害风险认知对居民避灾准备的影响（Miceli等，2008；Mishra等，2010；Hajito等，2015）以及灾害风险认知对居民购买保险行为的影响（Born和Viscusi，2006；Eid等，2016）等方面。其中，比较典型的如Uprety等（2012）基于尼泊尔加德满都地区居民调研数据和访谈资料，对民众地震风险认知能力和其他因素在减轻灾害时发生的作用进行了对比分析。结果发现，地震亲身经历以及对未来损失的关注会极大影响民众的备灾行为。Riad等（1999）基于调研数据和访谈资料，研究吉尔伯特飓风和安德鲁飓风来临时普通公众的响应行为，结果发现，公众的个体特征、对灾害的风险认知、社会影响和对资源的获取途径等社会心理过程会显著影响其搬迁行为。Gaillard（2008）基于菲律宾皮纳图博火山地区调研数据和访谈资料，就公众对火山泥石流的风险认知及其行为选择进行了分析，结果表明，高风险认知并没有阻止人们选择危险较大的生活方式，安置中心不充足的生存机会和对原居住地的依恋会促使其回迁。基于此，作者提出为了更好地理解人们面对灾害时的行为，火山风险认知研究必须考虑非灾害因素和结构性约束条件，如生计的贫困和文化传统的威胁。

国内关于风险认知的研究可以追溯到1995年，谢晓非和徐联仓以综述的形式系统地介绍了国外与风险认知有关的概念和测度理论框架（心理测量范式）（谢晓非等，1995）；1998年，他们在一般社会情境下，讨论了个体风险认知与个人特质间的关系。此后，关于风险认知的研究在我国逐渐受到关注。概括起来，主要集中在以下几个方面：

一是风险认知的结构、因素及其研究方法的探究。其中，比较典型的如刘金平等（2006）就风险认知的结构、因素和研究方法做了系统性的介绍；李红锋（2008）就风险认知的研究方法——理性行为者模型、心理测量范式、文化理论和风险的社会放大研究方法就行了述评；王政（2011）从风险认知的基本属性、风险认知的状况、认知结构影响因素、风险沟通、研究方法及途径等几个方面对国内20世纪80年代以来风险认知的相关研究进行了综述，指出风险研究作为新近兴起的一个研究领域，其发展时间较短，许多理论的完善和运用还有待提升。二是不同研究主体对风险的认知及其行为响应研究（时勘等，2003；刘春济等，

2008）。其中，比较典型的如时勘等（2003）利用分层抽样的调查方法对全国17个城市4 231名市民进行了SARS疫情中风险认知特征和心理行为的研究，结果发现，负性信息更易引起民众的高风险认知；刘春济等（2008）设计旅游风险认知调查量表，将风险认知概念模型应用到旅游产业中，结果表明，相较于虚拟风险，旅游者更为重视实体风险。

此外，我们注意到，相比于风险认知的研究，国内关于灾害风险认知的研究还比较少，处于研究初期。这类研究多借鉴风险认知中的心理测量范式，对不同群体的灾害风险认知水平/特征、影响因素及群体的行为响应进行研究。关于这方面的研究，最早的是苏筠等（2008）基于长江流域部分地区调查问卷，探讨了防洪工程信任对公众水灾风险认知的影响，结果表明，防洪工程明显的御灾效果改变了大多数民众对水灾灾害属性的认识；随后，张美华等（2008）探讨了区域减灾能力信任与公众水灾风险认知间的关系，结果表明，公众对于社会减灾能力信任的高低受年龄、灾害经历和区域经济发展水平的影响而存在差异。此外，国内关于灾害风险认知的研究还涉及科技信任、管理信任及其对公众水灾害风险认知的影响，大学生地震灾害风险认知，大学生减灾教育对策，居民对台风灾害影响的认知及其应对能力，城市社区灾害风险认知水平现状及其对策等方面。目前，对灾害风险认知的研究内容多集中在疫情、洪灾和火灾等方面，对具有长期威胁性和隐蔽性、直接威胁性和致死性等特点的山地灾害（如滑坡、泥石流）风险认知的研究则少之又少。

1.1.2 灾害风险认知理论/理论框架

与风险、风险认知和灾害风险认知等概念发展脉络相对应，灾害风险认知研究框架也有一个对应的发展过程。遵循时间脉络，被国内外学者广泛采纳和应用的与灾害风险认知有关的框架主要有Wiegman和Gutteling（1995）提出的两阶段说、Fischhoff等（1978）提出的心理测量范式及Douglas和Wildavsky（1982）提出的文化理论以及Lindell（2005）提出的保护性行为决策模型分析框架（protective action decision model，简称为PADM）。下面分别对这几种理论或学说进行简要介绍。

第四章 灾害背景下的个体风险认知与地方感

1995年，Wiegman和Gutteling（1995）提出"两阶段说"，认为风险的评价由初次评价和二次评价两个构成组成（图4-3）。这一理论阐释了个体风险评价的内部过程。

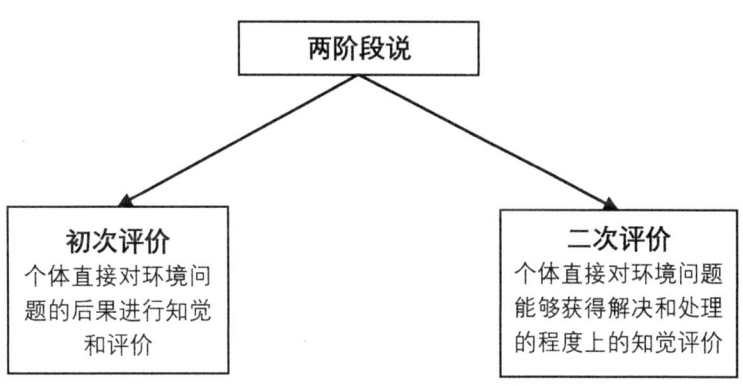

图4-3　Wiegman和Gutteling的两阶段说

Fischhoff等（1978）提出心理测量范式，该范式认为，风险认知由未知风险（unknown risk）和致命风险（dread risk）构成，前者与不可控程度、忧虑的潜在性和后果的致命性高相关，后者与新奇、对科学知识的了解和效果的延迟高相关（Fischhoff等，1978；Slovic，1987）。持这种观点的学者认为，（灾害）风险是主观的，是可测的。近年来，国外大量关于风险认知的研究都采用这一方法，表明风险认知可量化可预测的性质，这种心理测量技术适宜鉴别不同团体对风险认知的相似与差异性特征。

与心理测量方式存在差异，文化理论最早由Douglas和Wildavsky（1982）提出，被Wildavsky和Dake（1990）引入灾害风险认知研究中，他们认为文化理论聚焦个体感知到的风险与文化一致性的链接，认为个体决定在保护他（她）们的生活方式或文化中害怕什么。在文化理论学者眼里，（灾害）风险是非客观的，是被主观和社会建构的概念。

Lindell（2005）提出PADM研究框架（图4-4），该框架的本质在于居民对灾害风险的感知（尤其是威胁性的感知）会影响其行为决策。而居民灾害风险的感知又受到外界环境的刺激（比如环境诱因），信息的产生和传递（如信息来源、信息渠道），被访者个体特征（如性别、年龄、受教育程度）和家庭特征（如是否有老人和小孩、家庭规模）的影响。在以上因素综合的作用下，居民感知到风险，并在综合衡量利弊后做出相应的行为决策（如搬迁）。该框架是一个相对成熟且完善的框架，在国外很多实证研究中也得到了验证（Lindell 等，2016）。然而，该框架却不能很好地解释我国部分山地灾害区出现的两个极端现象——一是居民受灾后明知道居住区还存在灾害的威胁，却依然选择原地重建，不愿搬走；二是部分居民受灾搬迁后却又选择回流，回流后又受灾，陷入"受灾→迁移→回归→受灾"的怪圈。

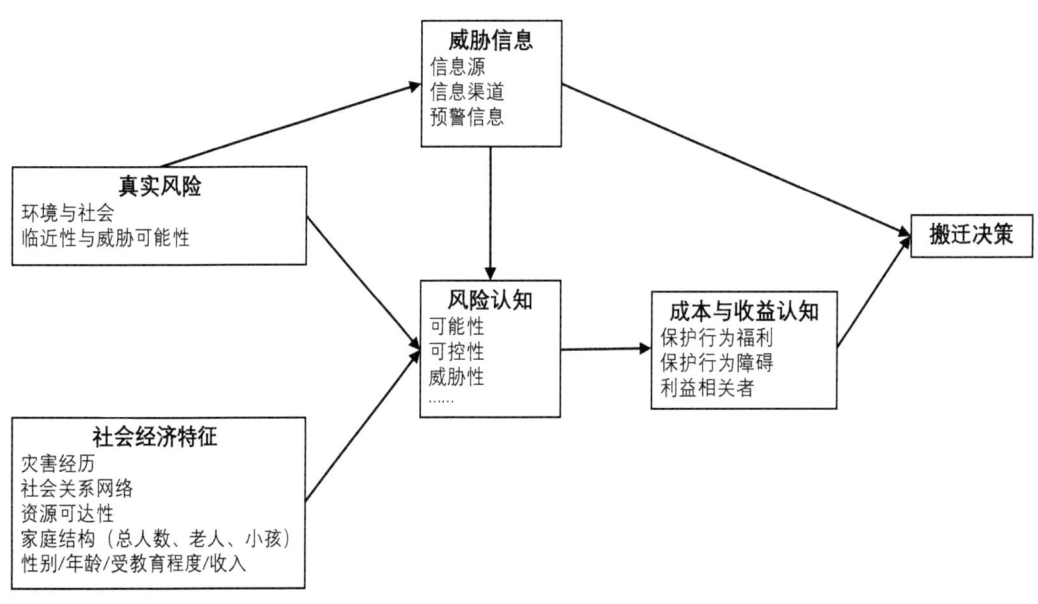

图 4-4　PADM 研究框架

1.2　灾害风险认知的测度体系

虽然已有大量研究通过心理测量范式测度居民灾害风险认知，然而不同学者对灾害风险认知的具体表征却并不统一。有的学者从灾害对家庭财产和个人生命安全的威胁程度（如Lindell和Hwang，2008；Calvello等，2016）、灾害将来发生的

第四章 灾害背景下的个体风险认知与地方感

可能性（Glade等，2012）、居民对灾害的总体感受强度等单一维度去测度居民的灾害风险认知，而更多的学者则认为灾害风险认知是个多维概念（Lindell和Perry，2003；Peacock等，2005；Armaş和Avram，2008）。其中，最经典的是Slovic（1987）的划分，该范式认为风险认知主要由未知风险和恐惧风险组成。前者与不可控性程度和恐惧的潜在程度密切相关；后者与好奇心、科学知识和灾害影响密切相关。此后的研究通常以Slovic为研究范式，根据各自的研究需要进行创新改进。一些新的维度开始出现，例如新奇因子、评估因子、情感因子等。这些影响因子把人们的风险认知外显化，从而可以通过图示或数值的形式呈现在个体行为人及决策者面前，使之便于分析量化、沟通及决策制定。Covello和Merkhofer（1994）总结了一些可以调节风险认知的因素，如灾难的潜在性、熟悉性、理解性、不确定性和无助感。

然而，虽然该心理测量范式对灾害风险认知划分的维度在很多西方发达国家被反复验证通过，但是风险认知仍会受到心理、社会、文化及制度等诸多因素的影响。由于不同的文化传统、社会制度和个体经历，人们在面临相同或类似巨灾冲击时，风险认知水平亦会有所差别。在仅有的几篇关于中国灾害风险认知的研究中，居民的灾害风险认知维度却与该心理测量范式结果存在差异。如Lai和Tao（2003）在研究香港市民的风险认知情况时发现，将风险认知分为致命性、可控性和可知性，比Slovic的经典维度更能反映香港市民风险认知的结构特征。周志刚等（2013）认为汶川地震区域的居民的灾害风险认知可以划分为概率因子、影响因子、恐惧因子和控制因子。与飓风、洪水等其他灾害事件不同，滑坡、泥石流等山地灾害具有其特殊的发育规律，表现在突发性、低概率性、长期潜伏性、致死性强等特点。因此，居民对山地灾害的风险认知应该具有特殊性。

近年来，学者逐渐开始关注社会网络、息渠道、灾害准备和信任对居民灾害风险认知的影响，但文献总量上相对较少，针对中国的研究更少。有学者的研究结果表明，社区中的社会联系在风险认知方面发挥着重要作用（Jones等，2013），个体的网络中有较多的其他个体对风险感到担心会增加个体自身对风险的担忧；对地方当局信任度较低的居民的风险意识要高得多。

总体来说，学者已经普遍认为风险认知是一个多维度的概念，并且提出了未知性、恐惧性、致命性、不可控性等多个子维度。但在研究灾害风险认知和个人意识、行为的内在关系时，通常以单一维度测量居民的风险认知，较少关注各个子维度及其交互影响机制。此外，灾害类型对灾区居民的风险认知有很大的影响。目前，对灾害风险认知的测度研究集中于洪水、地震、飓风等广域型灾害中，对山地灾害的关注极为稀缺。

1.3 灾害风险认知的描述性统计分析

本研究遵循心理测量范式，认为农户的灾害风险认知是个多维概念。参考Slovic（1987），Lai 和 Tao（2003），Lindell 和 Perry（2003），Lindell 和 Hwang（2008），Glade等（2012），Calvello等（2016），Hernández-Moreno 和 Alcántara-Ayala（2017）等研究对居民灾害风险认知的具体测度指标，结合研究区实际，设计李克特1~5级量表（1=非常不同意，2=不同意，3=一般，4=同意，5=非常同意），对农户灾害风险认知水平进行测度。测度词条详见表4-1。

表4-1 灾害风险认知测度量表

词条编码	词条	均值	标准差	最小值	最大值
A1	在接下来10年,您家附近可能会发生滑坡	3.39	1.03	1	5
A2	您总感觉滑坡在将来某一天就会来临	3.53	1.05	1	5
A3	相比其他农户,您家面临的滑坡发生的可能性更大	3.41	1.05	1	5
A4	最近这几年滑坡发生的征兆越来越明显	3.80	1.08	1	5
A5	未来10年内,若发生滑坡,您家的住房和土地可能受灾	3.99	0.96	1	5
A6	当您想到滑坡这个自然灾害时,您就感到害怕	4.39	0.89	1	5
A7	您很担心滑坡对家庭和村子造成的影响	4.45	0.75	1	5
A8	如果滑坡真的在您面前发生,您就只好听天由命了	3.50	1.19	1	5

第四章 灾害背景下的个体风险认知与地方感

续表

词条编码	词条	均值	标准差	最小值	最大值
A9	您觉得滑坡的发生是老天爷的安排	3.73	1.13	1	5
A10	一旦发生滑坡,您觉得天都塌了	3.43	1.25	1	5
A11	我不知道灾害是怎么发生的	3.49	1.12	1	5
A12	灾害这东西,说发生就发生了,是人力不可控制的	2.78	1.16	1	5
A13	灾害发生虽然不可控,但可以做一些预防措施减少损失	3.32	1.10	1	5

由于农户灾害风险认知是用1~5级李克特量表测度的,而用这种量表测度的数据在做后续分析前,应当先做信度检验。基于此,利用农户灾害风险认知及行为响应问卷搜集好数据后,使用信度分析对农户灾害风险认知词条进行一致性检验,结果发现农户灾害风险认知四个维度及灾害风险总体认知对应的Cronbach's alpha系数均超过0.60,均在可接受范围内,可进行后续分析。因子分析结果显示,样本Kaiser-Meyer-Olkin对应统计量为0.672,Bartlett球形检验统计量对应的p值小于0.01,方差的累积贡献率为60.24%,表明量表词条适合做因子分析。因子分析主要结果见表4-2,共得到四个维度,分别命名为可能性、恐惧性、未知性、可控性。随后,使用功效系数法将农户灾害风险认知总得分和各子维度得分转化为百分制得分(图4-5)。

表4-2 农户灾害风险认知子维度旋转后的成分矩阵

词条	公因子			
	可能性	恐惧性	未知性	不可控性
A1	0.769			
A2	0.767			
A3	0.698			
A4	0.605			
A5	0.569			
A6		0.879		
A7		0.868		

续表

词条	公因子			
	可能性	恐惧性	未知性	不可控性
A8			0.665	
A9			0.647	
A10			0.638	
A11			0.568	
A12				0.653
A13				0.579
解释方差比例	19.13%	14.85%	13.60%	12.66%
累积方差比例	19.13%	33.98%	47.58%	60.24%

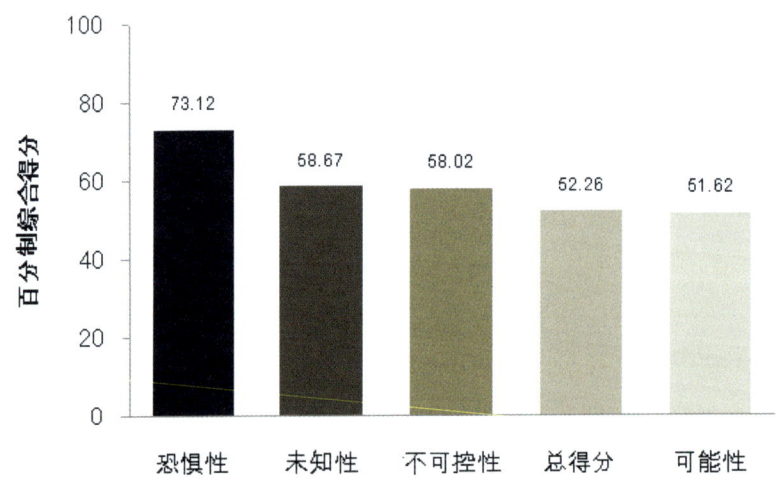

图4-5 农户灾害风险认知各维度百分制综合得分图

结果表明，农户灾害风险认知平均总得分52.26分，相对比较低，仅比可能性维度高0.64分。恐惧性子维度得分最高（平均得分73.12分），远高于其他子维度。可能性子维度最低，平均得分51.62分。未知和可控性子维度得分差异不大，平均得分均在58分左右。

第四章 灾害背景下的个体风险认知与地方感

2 地方感

2.1 地方感研究评述

2.1.1 地方感国内外研究现状

自20世纪70年代人本主义地理学者段义孚（Tuan）提出"地方"概念以来，地方感（sense of place）理论成为人文地理学和环境心理学研究热点（朱竑等，2011）。地方感以人类地方体验的主观性为基础，其内涵包括了地方本身的特征与个性，以及人对于地方依附的情感与认同，意味着个体与特定地点在情感上的联结。与此相关的还有地方依恋（place attachment）、地方依赖（place dependence）、地方认同（place identity）等概念（Proshansky，1978）。这里将此统称为"地方感"理论。针对这些概念的内涵和相互之间的包容涵盖关系，国内外已有不少学者作了总结和辨识（Droseltis，2010；朱竑等，2011），但仍存在一些分歧。不过总体上看，地方感理论在实证研究中已经取得了巨大的成功，尤其是为人-地关系研究提供了一个独特而又关键的视角。

关于地方感的研究空间可大体分为三类：一是"封闭的地方"对比"开放的地方"（open vs. closed places）研究。"封闭的地方"按照Tuan、Relph等人的理解是一个有历史延续性的实体，居民作为"局内人"，具有很强的同质性。"开放的地方"更多是指不同种族、不同文化的共存。此类研究中，研究者主要探究地方（如社区）大小、种族多样性对比同质邻里、地方类型对比社会资本类型对地方依恋强度的影响。本课题的创意也多少受此类研究的启发。二是不同尺度的地方研究，其中既包括单一地方尺度研究，还包括不同尺度地方感对比。三是居住地对比休闲场所的研究。近年来，地方感研究不仅仅局限于人类永久居住地，还有户外休闲地如河流、湖泊等的研究。

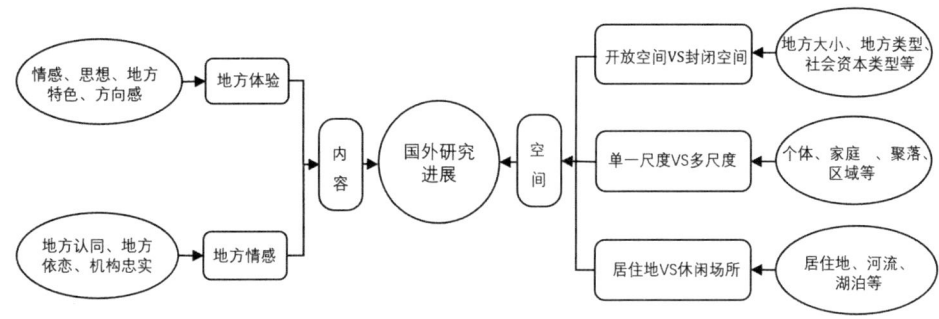

图 4-6 地方感知国外研究进展

国外相关研究（图 4-6）多集中在游憩地理学和环境心理学领域，且主要集中在地方体验研究和地方情感研究两方面。就地方体验研究而言，Tuan（1979）、Relph（1976）等学者探讨了地方体验的相关概念及其影响因素。如 Tuan（1979）将人类的各种体验分为情感和思想两种成分，认为体验可以是直接和深切的，也可以是间接的、概念性的和象征性的。凯文·林奇（2001）从地方意象的体验中建立了城市设计的一个新标准——可意象性，提出了构成城市印象的五类要素：道路、边沿、区域、结点和标志。他把"地方特色"定义为一个地方的场所感，认为感受一个地方带来的乐趣会产生很强烈的作用。方向感弱导致的恐惧和迷茫感，以及方向感强带来的安全和适宜感，都说明空间环境和心理感受有非常紧密的关系。Russell（1980）就客体地方体验中的情感评价提出包含愉快和唤醒两种基本情绪的情感评价模型。这两种基本情绪在模型中形成一个圆环，愉快和唤醒分别对应于圆环的横轴和纵轴，环境的情感评价可以对应圆环上的一个位置。Walmsley 和 Jenkins（1993）注意到意象由密切相关的两个部分（情感评价和认知）组成。其中，个体对地方的态度和信任是认知的主要成分，而认知成分的功能形成情感成分。

就地方情感研究而言，学者多从地方依恋、地方认同和机构忠实几方面对不同主体的地方情感进行评价（Williams 等，1992）。在地方依恋方面，Williams 等（1992）提出地方依恋相关概念和理论框架，认为地方依恋由地方认同和地方依赖两个维度构成。此后，地方依恋被广泛应用于自然资源管理（Kyle 等，2003）以及社区研究（Hidalgo 和 Hernández，2001；Salamon，2003）。其中，社区研究着重关注对城市化、郊区化和城市更新过程中社区环境变化引起的居民地方依恋的

第四章 灾害背景下的个体风险认知与地方感

减弱、中断或社区认同的丧失，以及对新居住地地方依恋/地方感培育问题的研究。在地方认同方面，Prohansky等（1983）讨论了"地方认同"的概念，认为地方认同是个体通过对空间实体意义上的地方的依恋而形成的安全感和归属感。Breakwell（1992）认为认同是一个对社会的适应、融合和评价的过程，并据此构建了认同过程模型。Twigger-Ross和Uzzell（1996）利用以上模型对居民与环境间的相互关系进行了研究，结果发现居民对居住环境的评价与其对居住地环境有依恋与否存在区别。在对居住环境没有依恋的个体中，有的对环境做出了负面评价，而有的保持中立评价。在机构忠实方面，Kyle等（2003）认为机构忠实是由情感依恋、地方认同、地方依赖、社交联结和价值一致五个要素组成的多维概念。此后，机构忠实的形成过程成为重要的研究内容。

国内地理学界关于地方感的研究大概开始于2005年，标志性的事件是"地方感"研究领域的开拓者Tuan（段义孚）在北京师范大学做的《关于人文主义地理学之我见》的演讲，该稿件最终被整理出来，发表在《地理科学进展》上。同一年，余向洋等（2006）以综述形式将国外关于旅游地游客体验的研究方法以及各种方法的理论基础系统的介绍到中国来。2007年，唐文跃（2007）在系统综述国外关于地方感研究的基础上，进一步提出了地方感研究框架。此后，国内关于地方感的研究慢慢地兴起，主要集中在以下几个方面（图4-7）：

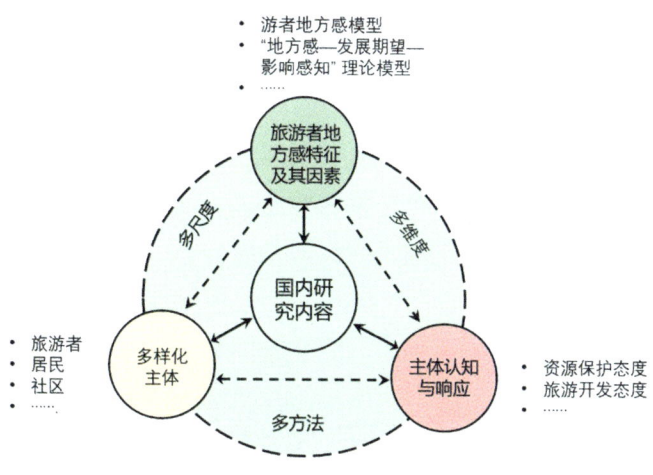

图4-7 国内地方感知研究内容

一是以地方体验为基础的旅游者地方感特征及其影响因素研究。其中，比较典型的如：唐文跃等（2007）以九寨沟为研究案例，通过构建旅游者地方感模型探究旅游者地方感特征。尹立杰等（2012）在已有理论基础上，构建了"地方感-发展期望-影响感知"理论模型，并进一步探究了农户对乡村旅游影响的感知。结果发现，农户地方感与其发展旅游期望间正向显著相关，同时，发展期望还可通过地方感间接作用于其旅游影响感知。

二是以地方感为基础的主体认知与主体响应（行为）研究。比较典型的如：唐文跃（2011）在测度旅游者地方感及资源保护态度的基础上，进一步构建计量经济模型探究二者间的关系。结果发现，旅游者的地方依恋与其资源保护态度间相关关系显著，情感依恋在资源保护中起着媒介作用。崔晓明等（2010）基于陕西安康欠发达地区居民调研数据，以旅游影响、地方感、社会交换理论为基础，探究居民对旅游影响的感知和对旅游发展的态度。结果发现，处于旅游发展阶段，欠发达地区居民的经济获益程度较低，但在总体上对旅游发展持欢迎态度并抱有较高的期望。

三是一些其他研究，这类研究突出的特点是地方感研究主体的多样化。其中比较典型的如研究者不仅关注旅游者这一群体对游憩地的地方感，也关注游憩地当地居民对游憩地的地方感，并比较旅游者和当地居民对游憩地的地方感差异。比如：邱慧等（2012）以黄山市屯溪老街为研究区域，就旅游者与当地居民在地方认知、地方依恋和地方行为意向上的差异进行了实证分析。结果发现，在地方认知层面，旅游者更看重人地间的联系（互动），而当地居民则更看重环境和自我。在地方依恋层面，旅游者地方依恋感知要比当地居民强。吴莉萍等（2009）就北京城市化对乡村社区地方感的影响进行了分析。结果发现，不同城市化水平的社区个体其地方感的差异与社区公共领域密切相关。

构建模型和设计量表是地方感研究的主要手段。量表由单维度或多个维度的词条组成。从最开始的"您对您所在聚落/区域/国家的依恋程度大小怎样？"到后来的"您所居住的区域是否是一个适合居住的地方？"（Dallago等，2009），再到后来将地方感、地方依恋分为多个维度利用李克特量表词条对其进行测量，定量研究方法取得了长足进展。近年来，在实证研究中一些计量模型得以广泛运用，

第四章 灾害背景下的个体风险认知与地方感

常见的有因子分析、主成分分析、结构方程模型等。如钱俊希和朱竑等（2010）在将地方感分为地方依赖、地方依恋、地方认同三个维度的基础上利用因子分析和结构方程模型对广州城市移民的地方感从多个尺度进行了分析。然而定量研究（如多数地方依恋量表），虽抓住了不同人对于地方主观重要性以及情感连接强度的差别，但却不能很好地测量地方所蕴含的意义（Lewicka，2011）。定性研究正好弥补此等不足，其主要有三种测量方式：一是口头上的测量，如深度访谈、焦点小组收集口头报告（Devine-Wright和Howe 2010）等；二是形象化的测量，图像是由研究者事先提供给参与者或由参与者自己在相应地点摄制，然后在访谈中进行挖掘；三是人文地理学中的民族志分析法和历史性分析法。毫无疑问，定量与定性测量方式相结合能帮助我们更深刻地理解人与地方之间的关系。如Devine-Wright和Howe在调查居民对北威尔士风景区安装风力农场的态度时就利用了定量方法去测度居民的地方依恋和地方认同，同时还利用了焦点小组讨论去诠释这个地方所蕴含的意义。

地方感的研究具有空间尺度多样化，小至某个房间、家、社区，大至城市、区域、国家等。大多数学者都是基于社区对地方认同进行研究。除了关注社区外，居民与城市也会经历强烈互动（Hernández等，2007）。部分学者对基于社区与其他空间尺度地方认同的对比研究表明，人与城市的地方关系要强于社区（Hernández等，2007）。在以色列城市实证研究中，Casakin等（2015）发现大城市居民的地方认同比小城市和中等规模城市高；而对于宗教居民来说，相比大的居住地，他们对小的居住地情感要更为强烈。黄飞等（2016）认为社区（尤其是功能不完善的社区）不是个体生存的所有空间，只在个体生活工作中占据一部分，当地方大到一定程度之后，人们对地方的大部分很少涉足，个体与地方关联度又会下降。

2.1.2 地方感相关理论/研究框架

自19世纪70年代Tuan提出"地方感"的概念以来，地方感就成为人文地理学界和环境心理学界的研究热点。不同的学者先后构建了不同的地方感/地方依恋概念模型。按照时间先后顺序排列，比较经典的地方感/地方依恋概念模型有：Relph（1976）的地方感概念模型、Steele（1981）的地方感因子模型、Zube

等（1982）的景观感知模型、Greene（1996）的地方关系模型、Scannell和Gifford（2010）的地方依恋三重组织框架模型和Jorgensen和Stedman（2001）的态度理论下的地方感模型等。下面分别对其进行简单介绍。

Relph（1976）的地方感概念模型如图4-8，他认为场所、活动、意义和地方特色四个因素相互交织就会形成地方感。

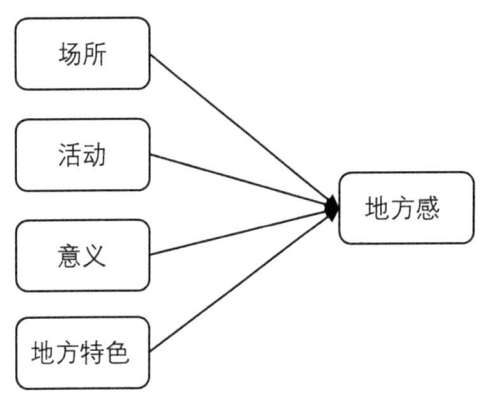

图4-8　Relph的地方感概念模型

Steele（1981）认为，人所处的环境可进一步细分为社会环境和物资环境，个体与环境相互作用形成地方感。基于此认识，他构建了一个人+环境（社会环境+物质环境）相互作用的地方感因子模型（图4-9）。该模型表明地方感是环境刺激下的人的反应模式，这些反应是环境本身的和人所赋予的特性的产物。

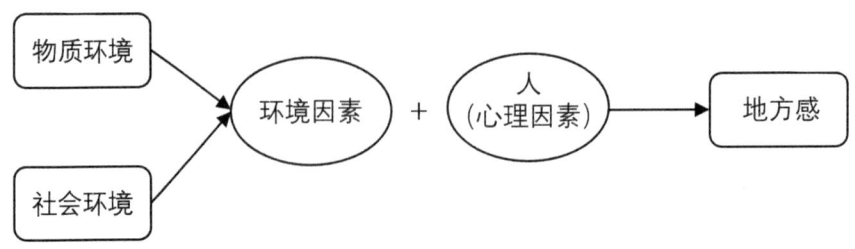

图4-9　Steele的地方感因子模型

与Relph和Steele的模型类似，Zube等（1982）提出了景观感知模型。该模型由人与景观相互作用以及据此得到的结果所构成（图4-10）。

第四章 灾害背景下的个体风险认知与地方感

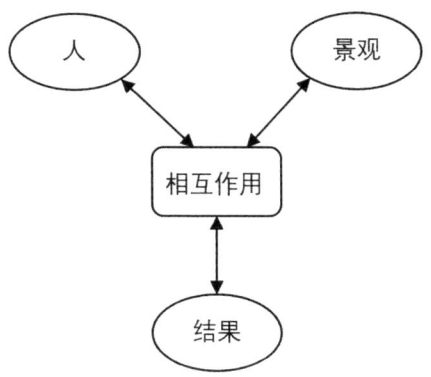

图4-10 Zube 的景观感知模型

在Steele的地方感因子模型基础上，Greene（1996）考虑了管理对环境感知的影响，拓展了个体"人"所处的环境，进一步将环境因子分为物质环境、社会环境和管理环境三类，人与环境相互作用形成地方感。基于此，他构建了地方关系模型，用此模型进一步强调人与环境的相互影响作用（图4-11）。

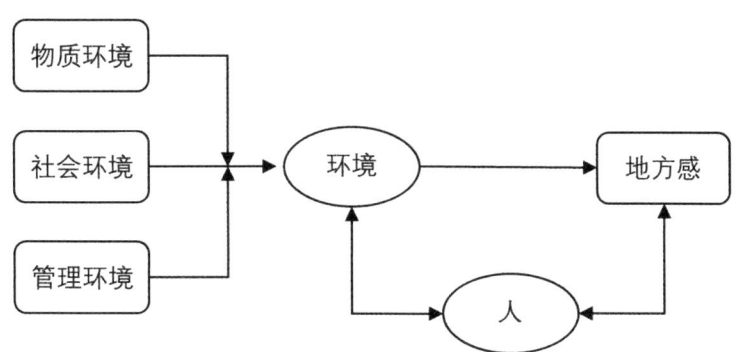

图4-11 Greene的地方关系模型

自 Relph、Steele、Zube和Greene的地方感概念框架提出后，国外大量学者使用这些框架开展地方感/地方依恋实证研究，并常将地方感/地方依恋划分为地方认同、地方依赖两个维度。为了更好地理解人地交互过程，Scannell和Gifford（2010）在综合大量前人研究的基础上，提出"人-过程-地"地方依恋三重组织框架模型（图4-12）。其中，人的维度又包括个体及个体组成的群体或个体代表的文化，地的维度包括地方自然的或建构的物质环境和具有社会象征意义的社会环境。人地间的交互作用通过情绪（如开心、骄傲和喜欢）、认知（如想象、知

- 95 -

识、模式和意义）和行为（如亲近维护、地方重构）等过程实现。

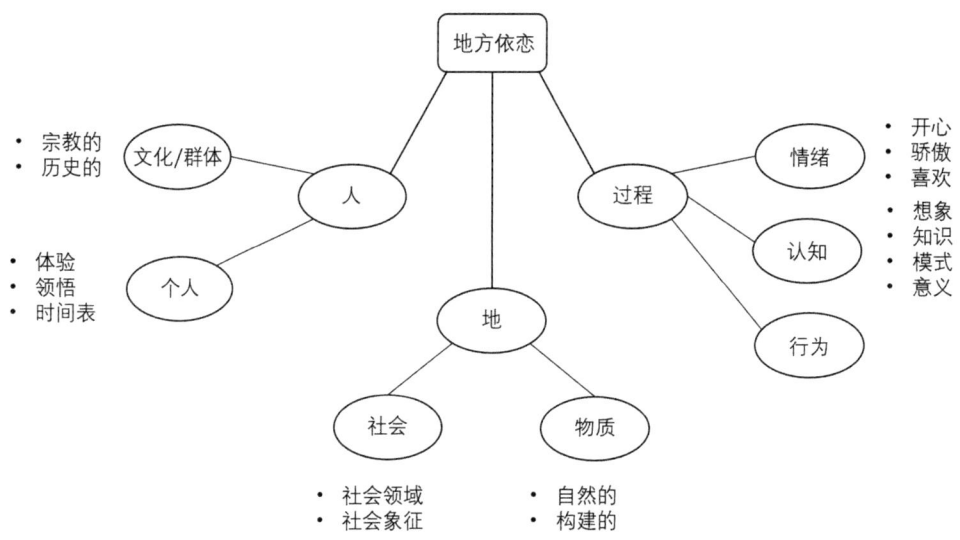

图4-12 Scannell的地方依恋三重组织框架模型

在地方感/地方依恋的具体研究中，学者们逐渐意识到众多含义相似却各不相同的描述人-地关系情感联结的概念已成为人地情感关系研究领域的主要困难之一（Jorgensen和Stedman，2001）。这在一方面表明到目前为止，还没有一个统一的理论来支撑人地情感联结相关的研究；另一方面也表明地方感研究引入其他学科理论的重要性。基于此，Jorgensen和Stedman（2001）将心理学中的态度理论引入到地方感的研究中，提出态度理论下的地方感模型，并依此设计量表/词条用于测度地方感各个维度，进而指导实证研究（图4-13）。在该模型中，态度理论的维度（认知、情感和意动）分别与地方感维度（地方认同、地方依恋和地方依赖）相对应。"认知"指带有评价意义的叙述，包括对某个人或者对象的认识和理解；"情感"就是个体对态度对象的情感体验（如同情、喜欢）；"意动"是个体对态度对象的个性倾向，可理解为准备对态度对象做出何种反应。本研究关于地方感的测度与划分也借鉴此研究框架。

第四章 灾害背景下的个体风险认知与地方感

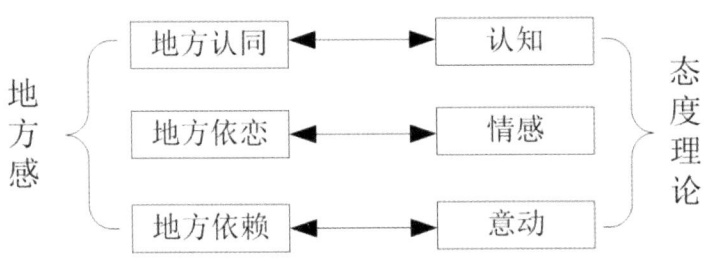

图 4-13 态度理论下的地方感模型

2.2 为什么是地方感

山区聚落是山区人类生存的基本空间组织单元。与平原不同，众多山区聚落面临着滑坡、泥石流等山地灾害的威胁，随着聚落人口和建筑面积的增加，灾害的威胁也在变大。由于三峡工程的建设，产生了大规模的移民聚落重构。同时，在推进统筹城乡发展和建设新农村战略中，原有农村聚落也面临着重构，尤其是灾害威胁大的区域。对于山区聚落而言，其存在、发展和重构，不仅受到水土资源、灾害发育等客观因素的限制，同时居民、政府等利益主体对聚落的认知态度也是关键的影响因素。另外，山区聚落本身具有的分散、小聚团、边远、封闭等特征也导致政府在灾害防治、灾后救援、灾后重建等方面难以提供有效应对措施，全部搬迁和集中安置是不现实的，也是没有必要的。

目前，国内外针对中国山区聚落的研究大都分别从山地灾害、生态位、空间布局、农户生计等角度进行各自的研究，虽也有跨学科的交叉研究，但多强调对于"地"的评价，较少关注主体——人，或者仅通过"地"的表征来间接评估"人"的作用，对于"人"的意识的关注更是少之又少，鲜有从山区聚落居民主观意识层面（文化角度）去结合其他视角的综合定量研究。事实上，聚落的演变既是自然格局演化的结果，又是居民集体行为适应性选择的反映，因此对山区聚落"人-地"关系的关注十分重要。

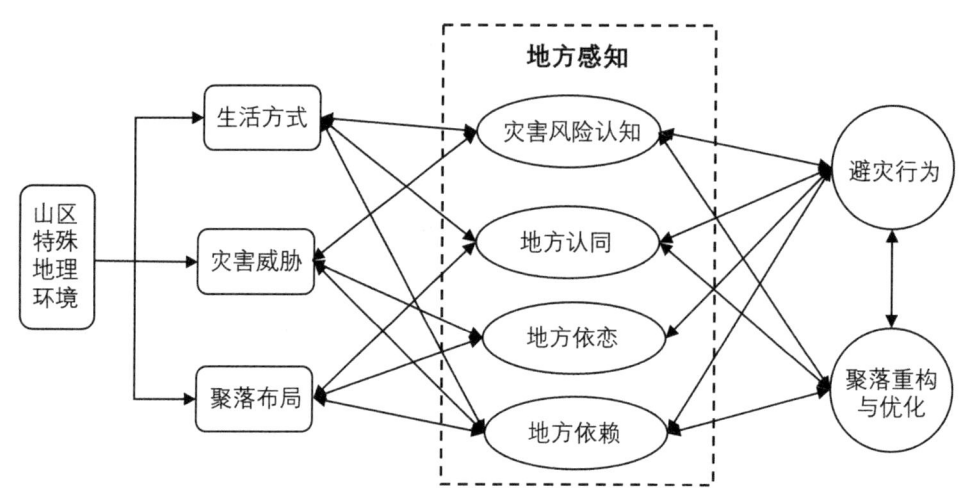

图4-14 山区地方感知网络图

近年来，人文地理学的研究正走向微观尺度和视角综合化，聚落地理的研究应从宏观的抽象过程表征转向对于社会关系和个体认同建构的关注上（Johnston，2003）。地方感理论的发展为我们揭示特定环境中的居民心理认知提供了独特的研究视角。将地方感理论引入山区聚落研究中，并根据山区特性补充居民的山地灾害风险认知视角，将给予山区聚落人地关系互动一个新的定量解读视角（图4-14）。另外，耦合地方感的角度来可以全面揭示山区农户适应灾害行为决策的机制。

在研究方法上，目前关于地方感和灾害的耦合研究主要集中在国外学者。印度Orissa地区的研究表明发现地方依恋和洪水预防有显著的正向影响。Dominicis等（2014）利用多重线性回归分析对比受洪水影响的高风险和低风险地区，发现位于高风险地区的民众因更高的风险认知有较强的意愿改变居住环境，但如果考虑民众的地方感，民众的这种意愿明显降低。Anacio等（2016）调查菲律宾洪水易发区，同样发现地方感会降低民众的风险认知，使居民愿意继续居住在当地。在具体的计量方法中，近年来部分学者开始引入结构方程模型的研究方法来解释地方感和其他因子的非线性关联（Williams等，2009）。

综上，对乡村聚落研究正逐渐走向多元化、学科交叉化，但目前少有从山区

第四章 灾害背景下的个体风险认知与地方感

聚落居民主观意识层面（文化角度）去结合其他视角的综合定量研究。事实上，山区聚落的演变既是自然格局演化的结果，又是居民集体行为适应性选择的反映。许多学者包括政府层面都意识到有必要对部分聚落进行重构和优化，尤其是灾害威胁大、资源承载能力极低的聚落。但是，和专家及政府的态度不同，山区聚落居民对于聚落重构或者说居住地的改变并不积极，居民的恋土情结发挥着巨大作用。因此，将地方感引入山区聚落、灾害研究中十分重要。

鉴于此，本研究针对有山地灾害威胁的典型山区聚落，首次将地方感视角引入山地灾害的研究，并利用结构方程模型探究山地灾害风险认知与地方依赖、地方认同、地方依恋等维度之间的耦合关系，从而揭示山区聚落居民地方感的主要影响因素和作用模式，进而解释居民面对灾害威胁的行为选择及其原因。总之，将居民灾害风险认知与地方感耦合，既是实际（面临灾害威胁）的反映，又是对山区聚落地方感理论应用的必要优化。

2.3 地方感的描述性统计分析

本研究地方感的测度借鉴Jorgensen和Stedman（2001）、Kyle（2004）等相关研究。这些研究通过借鉴环境心理学中的态度理论，将地方感划分为地方认同、社会联结、地方依赖和地方依恋四个维度。然后依此设计量表词条测度地方感各个维度。考虑到本研究的对象是中国西部贫困山区的农户，其受教育程度普遍偏低，而Jorgense和Stedman（2001）的地方感测度词条又过于抽象。研究修改了部分词条，并在调研样本县之一的万州选取5户滑坡威胁区的农户进行了预调研，确保农户能明白修改后的地方感测度词条（表4-3）。

表4-3 地方感测度量表

编码	词条	均值	标准差	最小值	最大值
B1	和我关系很好的朋友都是本村的	3.922	1.028	1	5
B2	在思想和观念方面，我与本村其他村民差不多	4.046	0.727	1	5
B3	当我遇到困难时，总能在村子里得到帮助	3.836	1.028	1	5

续表

编码	词条	均值	标准差	最小值	最大值
B4 [N.A.]	我经常到邻居家串门,大家一起聊天、玩耍,关系很不错	3.997	1.041	1	5
B5	我不想从这里搬走,因为已经习惯了这里的生活方式	3.966	0.983	1	5
B6	虽然我怕灾害,但我还是不愿意从这搬走,因为我祖祖辈辈都在这,我的根在这里	3.897	1.119	1	5
B7	我觉得我离不开这个村子和村子里的人	3.720	1.086	1	5
B8 [N.A.]	我从来没有想过搬出村子,到其他地方居住	3.334	1.309	1	5
B9	在这个村子生活比在其他地方生活更能让我感到满意	3.724	1.032	1	5
B10 [N.A.]	我不想从这里搬走,因为这里的风水好	3.368	1.189	1	5
B11	我为自己生活在这个村子而感到骄傲和自豪	3.595	1.097	1	5
B12	我对这个村子的喜欢程度胜过其他任何地方	3.741	1.008	1	5
B13	当听到外村人说我们村不好的时候,我会去辩护	3.552	1.144	1	5
B14	出门在外时,我会经常想起我居住的这个村子	4.322	0.728	1	5
B15	总体上,我很喜欢居住在本村子	4.141	0.789	1	5
B16	村里比在其他地方安逸,我比较自在	4.271	0.746	1	5
B17	我对村子里的所有事物都很熟悉,在村子里我就有安全感和掌控感	4.133	0.806	1	5
B18 [N.A.]	与村里其他村民搞好关系对我很重要	4.483	0.665	1	5

利用农户地方感问卷搜集好数据后,使用信度分析对农户地方感词条进行一致性检验,结果发现地方感四个维度和地方感对应的Cronbach's alpha系数均在可接受范围内,可进行后续分析。因子分析结果显示,样本Kaiser-Meyer-Olkin对应统计量为0.701,Bartlett球形检验统计量对应的p值小于0.01,方差的累积贡献率为64.54%,表明词条适合做因子分析。因子分析主要结果见表4-4,共得到四个维度,分别命名为地方认同、地方依赖和地方依恋和社会联结。随后,使用功效系数法将农户灾害风险认知总得分和各子维度得分转化为百分制得分(图4-15)。

第四章 灾害背景下的个体风险认知与地方感

表4-4 农户地方感子维度旋转后的成分矩阵

词条	公因子			
	地方依赖	社会联结	地方依恋	地方认同
B1	0.664			
B2	0.746			
B3	0.688			
B4[N.A.]				
B5		0.591		
B6		0.623		
B7		0.542		
B8[N.A.]				
B9		0.545		
B10[N.A.]				
B11			0.719	
B12			0.613	
B13			0.651	
B14				0.743
B15				0.666
B16				0.706
B17				0.591
B18[N.A.]				
解释方差比例	16.60%	14.23%	16.27%	17.44%
累积方差比例	16.60%	30.83%	47.10%	64.54%

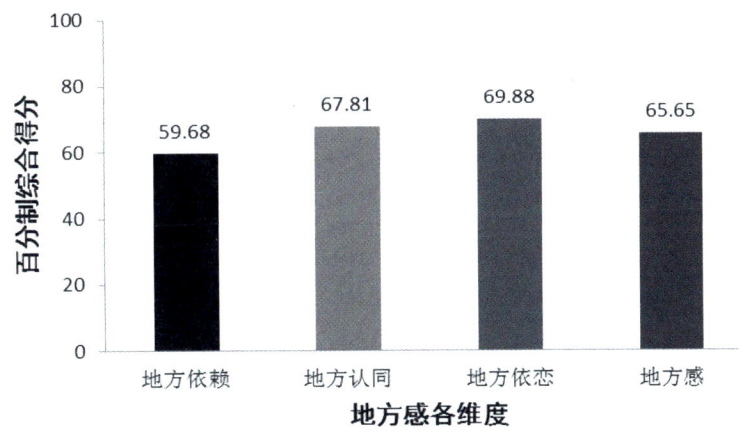

图4-15 农户地方感各维度百分制综合得分图

结果表明，农户地方依恋、地方认同和地方感平均得分均相对比较高，均在65分以上。其中，地方依恋得分最高，平均得分达到69.88分；地方依赖得分最低，平均得分仅有59.68分。

3 灾害风险认知与地方感耦合作用机制

3.1 理论框架与研究假设

地方感受个人主观态度或情绪的影响，进而影响个人居住环境的选择，由于风险认知是个人对外界各种客观风险的感受和认识，说明风险认知即是一种个人态度，表明地方感和风险认知之间可能存在某种相互作用。在自然灾害多发区的民众，他们的风险认知相较于其他地区较高，个人主观判断可能受风险认知的影响更为显著。一般而言，居民对灾害风险的认知很大程度上会影响其对地方的认同和依恋，而地方认同和依恋反过来也可能会影响居民对灾害风险的认知（比如忽视或者过于重视而放大化）。

仅有的几篇文章的研究结论也不一致。一些研究认为地方感和风险认知之间是负向关系，例如，Armas（2006）认为更强的地方感会给人以安全的感觉并使人忽略甚至否认地震灾害的影响；然而，Bonaiuto等（2011）研究表明在低风险地区，风险认知和邻居依附有正相关关系；另外，Bernardo（2013）在针对大量环境风险事件进行分析后，认为在高风险地区，地方感会增强风险认知，在低风险地区风险认知降低。

目前，对于山地灾害威胁区居民的风险认知和地方感耦合研究几乎没有。对于我国这个山区大国而言，大量的聚落位于滑坡体、泥石流扇等灾害体上，因此研究的现实意义更加重要。居民灾害风险认知和地方感实际上均是农户"认知"层面的反映，两者均是基于心理测量范式下的态度理论设计（里克特）量表（词条），在定性层面基于文化理论对主体"认知"进行解读。相同的研究理论（视角/框架）为二者间的耦合提供了可能。

第四章 灾害背景下的个体风险认知与地方感

基于此，研究尝试性的将地方感引入到我国西部典型山区聚落研究中来，试图通过PLS-SEM定量分析风险认知和地方感二者子维度之间的相互影响，计算滑坡多发地区居民地方感的某个子维度受到的直接或间接影响程度，试图揭示各子维度之间的相互作用机制。根据理论框架和前文的研究基础，本文提出如下的研究假设（H1-H7），研究假设在PLS-SEM中的直观展示，如图4-16：

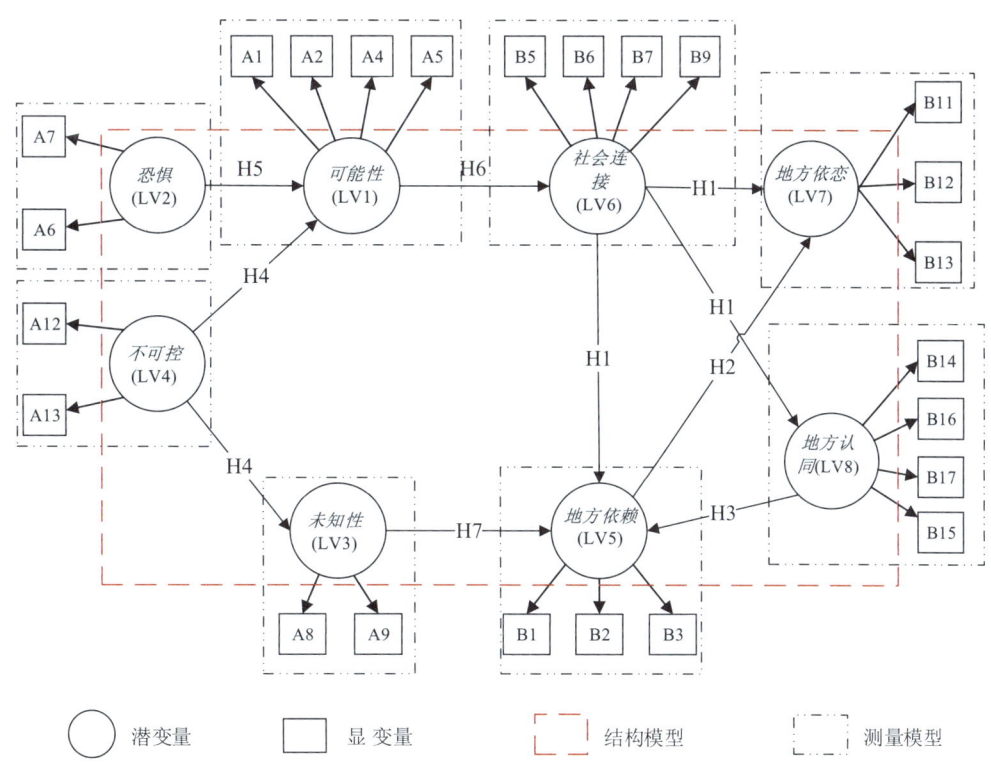

图4-16 理论模型和研究假设

H1社会联结LV6对地方依赖LV5、地方依恋LV7、地方认同LV8会产生直接影响（Kyle等，2004）；

H2地方依赖会对地方依恋产生直接影响（Williams，1992）；

H3地方认同都对地方依赖有直接影响（Jorgensen，2001）；

H4灾害的不可控性LV4对预期灾害发生的可能性心理LV1、未知性LV3心理会产生影响（Slovic，1987）；

-103-

H5 面对灾害的恐惧性LV2心理对预期灾害发生的可能性心理会产生直接影响；

H6 预期灾害发生的可能性心理会对社会联结产生影响Bonaiuto等（2011）；

H7 面对灾害的未知性心理会对地方依赖产生影响。

3.2 计量经济模型的建构

3.2.1 计量模型：偏最小二乘结构方程模型（PLS-SEM）

通过构建计量经济模型（如结构方程模型、FGLS、OLS等）探究农户的地方感以及对灾害的灾害风险认知水平的耦合关系。鉴于本章节主要是对地方感和风险认知的子维度相互影响进行理论探索研究，故选取SEM构建模型。SEM是一种多变量分析方法，用于同时测试和估计变量之间复杂的因果关系，即使这些关系是假设的，或者是不可直接观察的（Williams等 2009）。SEM能够刻画整个模型的完整关系，被视作进行数据分析的第二代方法。

在SEM中，无法直接测度的变量被设定为潜变量（latent variables），而用于测度潜变量的变量被称作显变量（manifest variables）（也被称作可观测变量 observable variables）。SEM构建分为两个部分：内部模型（inner model）（也可以叫作结构模型 structural model）、外部模型（outer model）（也叫作测度模型 measurement model），二者一起构成路径模型（path model）。内部模型表征潜变量之间的相互作用关系，而外部表征显变量与潜变量的关系。当潜在变量仅用作自变量时，它们被称为外源潜在变量。此外，当潜在变量仅用作相关变量，或作为独立变量和相关变量时，它们被称为内生变量。

SEM分析通常有两种方式：① Covariance-based structure analysis（CB-SEM）；② Component-based analysis using partial least square estimation（PLS-SEM）。两种SEM方法针对不同的研究目标、模型设置、样本特征，分别适用于不同的情形，详见表4-5。近年来，PLS-SEM在社会科学的研究中日益增多（Gorai等，2015）。由于PLS-SEM适合进行探索性的研究、发展和验证理论，找

第四章 灾害背景下的个体风险认知与地方感

到变量间的关系、方向和强度。在本研究中，采用偏最小二乘估计的PLS-SEM方法对所建立的模型进行检验。

表4-5 CB-SEM和PLS-SEM的对比

	CB-SEM	PLS-SEM
研究目标	基于一定理论基础进行实证研究，验证理论	通过数据进行探索性研究，发展和验证理论
模型设定	潜变量至少需要2个以上显变量	对显变量的个数没有要求
样本特征	样本至少需要100个以上且是正态分布	样本最少要求30个，不需要正态假定

在PLS-SEM中有两种外部模型，即反射型（reflective outer model）外模和形成型外模（formative outer model）。在反射型模型中，潜变量是显变量出现的原因，而在形成型模型中两者的因果关系刚好相反。在潜变量和显变量的两种构成模式之间均存在线性关系。

反射型潜变量和显变量关系用方程（4.1）表示：

$$x_{jh} = \lambda_{jh} \cdot \xi_j + \varepsilon_{jh} \tag{4.1}$$

形成型潜变量和显变量关系用方程（4.2）表示：

$$\xi_j = \sum_h \lambda_{jh} \cdot x_{jh} + \varepsilon_j \tag{4.2}$$

ξ_j代表潜变量，x_{jh}代表显变量，ε_{jh}表示与潜变量无关的零均值随机项。

潜变量之间存在线性关系，用方程（4.3）表示：

$$\xi_j = \sum_{i \neq j} \beta_{ji} \cdot \xi_i + \zeta_j \tag{4.3}$$

ζ_j表示与ξ_i无关的零均值随机项，β_{ji}表示ξ_i与ξ_j之间的相关系数，可能为0，表示两者没有相关关系。

方程（4.1）（4.2）（4.3）联立表示路径模型（Path model）。

3.2.2　主要研究变量

由计量模型的基本要素可知，本研究的变量包括潜变量和显变量。根据1.3和2.4，本研究通过因子分析法分别将农民的灾害风险认知和地方感划分为4个子维度。风险认知被划分为可能性、恐惧性、未知性、不可控性4个子维度，地方感被划分为地方认同、地方依赖、地方依恋、社会联结4个子维度。在原来选取的31个词条基础上，经信度和效度检验后剔除6个不显著的词条，最后留有25个词条进行实际测度，具体划分见表4-6。

风险认知的维度具体包括：

①可能性，由4个词条组成，主要测量的是答复者对发生灾害的可能性的看法；②恐惧性，包括2个词条，主要测量受访者对遭受灾难的恐惧程度；③未知性，包括2个词条，主要测量农民对灾害不可预测性的感知；④不可控性，由2个词条组成，主要测量受访者对备灾和应对的看法。

地方感的维度具体包括：

①地方认同，包括4个词条，主要对某个地方作为社会角色自我感知的一部分的认知。②地方依赖，包括3个词条，主要测量人们在该地方生活与其他地方相比在资源环境方面的优势。③地方依恋，包括3个词条，主要指受访者对村庄在心理情感层面上所产生的依恋感和自豪感。④社会联结，包括4个词条，主要测量受访者在村庄内的人际关系依赖。

3.3　实证检验

3.3.1　外部模型的信度和效度检验

对PLS-SEM的检验包括外部检验和内部检验。外部模型的评估主要是依赖于效度和信度判断。在传统研究中，学者通常使用Cronbach's alpha进行信度检验，然而实践证明，在PLS-SEM中使用Cronbach's alpha会通常会高估或低估有效性（Hair等，2014）。为此PLS-SEM提供了更为可靠的替代方法：组合信度（compos-

第四章 灾害背景下的个体风险认知与地方感

ite reliability，C.R.）。以理论探索为目的的模型中组合信度应大于0.6（Hair 等 2014）。本文在模型中构建了8个潜变量，它们的组合信度值见表4-6，其中仅有不可控性的组合信度值略低于0.7，其余潜变量的组合信度值都大于0.7，可以认为外部模型的设定在理论上是合理的。

在PLS-SEM中，要尽量避免使用单个显变量测度某一潜变量，而是应该用多个显变量测度某一潜变量，以确保其高于有效效度（Diamantopoulos等，2012）。constructs的效度检验分为相容效度（convergent validity）和区别效度（discriminant validity）检验两种。相容效度（convergent validity）用平均方差提取因子（AVE）评估。根据Fornell等（1981），AVE值为0.50或更高表明满足相容有效性，这意味着潜在变量解释了其变量方差的一半以上。由表4-6可知，模型中潜变量的AVE值全都大于0.5，这体现了模型良好的质量。

表4-6 地方感和风险认知的测度和检验

词条描述	Factor loadings	T-Value	C.R.	AVE
LV1 可能性(Possibility)			0.818	0.535
A1 在接下来10年,我家附近可能会发生滑坡	0.762	10.058		
A2 我总感觉滑坡在将来某一天就会来临	0.801	13.551		
A3[N.A.] 相比于其他农户,我家面临的滑坡发生的可能性更大				
A4 最近这几年滑坡发生的征兆越来越明显	0.531	5.592		
A5 未来10年内,若发生滑坡,我家的住房和土地可能受灾	0.797	10.324		
LV2 恐惧性(Frighten)			0.888	0.799
A6 当我想到滑坡这个自然灾害时,我就感到害怕	0.834	4.446		
A7 我很担心滑坡、泥石流等自然灾害对村子和家庭的影响	0.949	5.306		
LV3 未知性(Unknown)			0.787	0.651
A8 如果滑坡真的在我面前发生了,我就只好听天由命了	0.728	15.862		
A9 我觉得滑坡的发生是老天爷的安排	0.879	8.050		
A10[N.A.] 一旦发生灾害,我会觉得天都塌了				
A11[N.A.] 我不知道灾害是怎么发生的				
LV4 不可控性(Uncontrol)			0.694	0.545
A12 灾害这东西,说发生就发生了,是人力不可控制的	0.888	6.728		

-107-

续表

词条描述	Factor loadings	T-Value	C.R.	AVE
A13 灾害的发生虽然不可控,但可以采取预防措施减少损失	0.549	2.410		
LV5 地方依赖(Place Dependence)			0.790	0.557
B1 和我关系很好的朋友都是本村的	0.747	16.193		
B2 在思想和观念方面,我与本村其他村民差不多	0.720	15.939		
B3 当我遇到困难时,总能在村子里得到帮助	0.771	21.390		
B4[N.A.] 我经常到邻居家串门,大家一起聊天玩耍,关系很不错				
LV6 社会联结(Society Bond)			0.850	0.586
B5 我不想从这里搬走,因为已经习惯了这里的生活方式	0.752	17.231		
B6 虽然我怕灾害,但我还是不愿意从这搬走,因为我祖祖辈辈都在这,我的根在这里	0.767	23.362		
B7 我觉得我离不开这个村子和村子里的人	0.751	21.050		
B8[N.A.] 我从来没有想过搬出村子,到其他地方居住				
B9 在这个村子生活比在其他地方生活更能让我感到满意	0.792	34.146		
B10[N.A.] 我不想从这里搬走,因为这里的风水好				
LV7 地方依恋(Place Attachment)			0.799	0.580
B11 我为自己生活在这个村子而感到骄傲和自豪	0.854	38.679		
B12 我对这个村子的喜欢程度胜过其他任何地方	0.854	39.335		
B13 当听到外村人说我们村不好的时候,我会去辩护	0.531	7.514		
LV8 地方认同(Place Identity)			0.835	0.558
B14 出门在外时,我会经常想起我居住的这个村子	0.686	16.937		
B15 总体上,我很喜欢居住在本村子	0.758	24.779		
B16 村里比在其他地方安逸,我比较自在	0.782	26.856		
B17 我对村子里的所有事物都很熟悉,在村子里我就有安全感和掌控感	0.760	22.699		
B18[N.A.] 与村里其他村民搞好关系对我很重要				

注:LV1~LV4:风险认知的子维度,LV5~LV8:地方感的子维度;表4-1中通过5级李克特量表进行的问题测量(1:强烈不同意;2:一般不同意;3:一般;4:一般同意;5:强烈同意);N.A.代表无意义。

第四章 灾害背景下的个体风险认知与地方感

区别效度决定了一个潜在变量与路径模型中的其他潜在变量的区别程度，既取决于它与其他潜在变量的相关程度，也取决于显变量代表这个单一潜变量的程度。评价区别效度的标准是Fornell-Larcker准则（Fornell等，1981）。如果对角线值粗体比同行和同列中非对角线的值高则说明满足区别效度，需注意的是，对角线的数值表示为AVE的平方根，而其他的非对角线数值表示潜变量的相关性（表4-7）。

表4-7 区别效度检验：Fornell‐Larcker

	LV1	LV2	LV3	LV4	LV5	LV6	LV7	LV8
LV1	**0.731**							
LV2	0.189	**0.894**						
LV3	0.088	−0.059	**0.807**					
LV4	0.187	0.013	0.251	**0.738**				
LV5	0.032	0.114	−0.174	−0.095	**0.746**			
LV6	0.032	0.154	−0.025	−0.009	0.298	**0.766**		
LV7	−0.078	0.032	−0.023	0.041	0.385	0.671	**0.762**	
LV8	−0.062	0.151	0.000	−0.062	0.367	0.596	0.484	**0.747**

3.3.2 内部模型检验结果

外部的信度和效度检验通过后，接下来需要对内部的质量进行估计。其中衡量内部模型可靠度的指标是内生潜变量的R^2，用来衡量模型的预测能力，当R^2大于等于0.1时，模型具有实践价值。内生潜变量中的地方认同、地方依赖、地方依恋和的R^2值分别是0.355、0.174、0.488，3个潜变量的值都明显大于0.1，这些值在进行理论探索性研究中都可接受，可见本文中地方感的维度划分是合理的。

另外，模型的路径系数用于解释潜变量之间的影响效应大小，并可以被分解为直接效应和间接效应两部分。

上文中已经提到，由于PLS-SEM不依赖与样本正态分布的假定，传统的变量系数显著型检验失效，PLS-SEM提供Bootstrap方法替代检验。需要注意的是，通过路径系数的显著性检验后，不能代表该路径就是合理的，还需要通过实证研究进行推断，从而确定最终模型。潜变量之间的路径关系见表4-8，假定H6和H7的路径系数分别是-0.147、-0.171，P-Values检验显示结果显著、假定成立，这表明风险认知和地方感中的子维度之间有显著的影响，路径系数的Bootstrap检验结果同样支持上述结论（$t>1.96$）。

表4-8 内部模型的路径系数

路径	路径系数	均值	标准差	t值	p值
H1					
LV6→LV7	0.611	0.614	0.037	16.595	0.000***
LV6→LV5	0.116	0.118	0.056	2.078	0.038*
LV6→LV8	0.596	0.599	0.045	13.120	0.000***
H2					
LV5→LV7	0.203	0.203	0.048	4.238	0.000***
H3					
LV8→LV5	0.298	0.300	0.064	4.639	0.000***
H4					
LV4→LV1	0.185	0.184	0.087	2.124	0.034*
LV4→LV3	0.251	0.254	0.072	3.507	0.000***
H5					
LV2→LV1	0.186	0.195	0.068	2.750	0.006**
H6					
LV1→LV6	-0.147	-0.152	0.062	2.375	0.018*
H7					
LV3→LV5	-0.171	-0.171	0.060	2.857	0.004**

综上所述，模型的信度和效度能够满足探索风险认知和地方感各内部维度以及二者维度之间相互影响的理论假定，具体结果见图4-17。

第四章 灾害背景下的个体风险认知与地方感

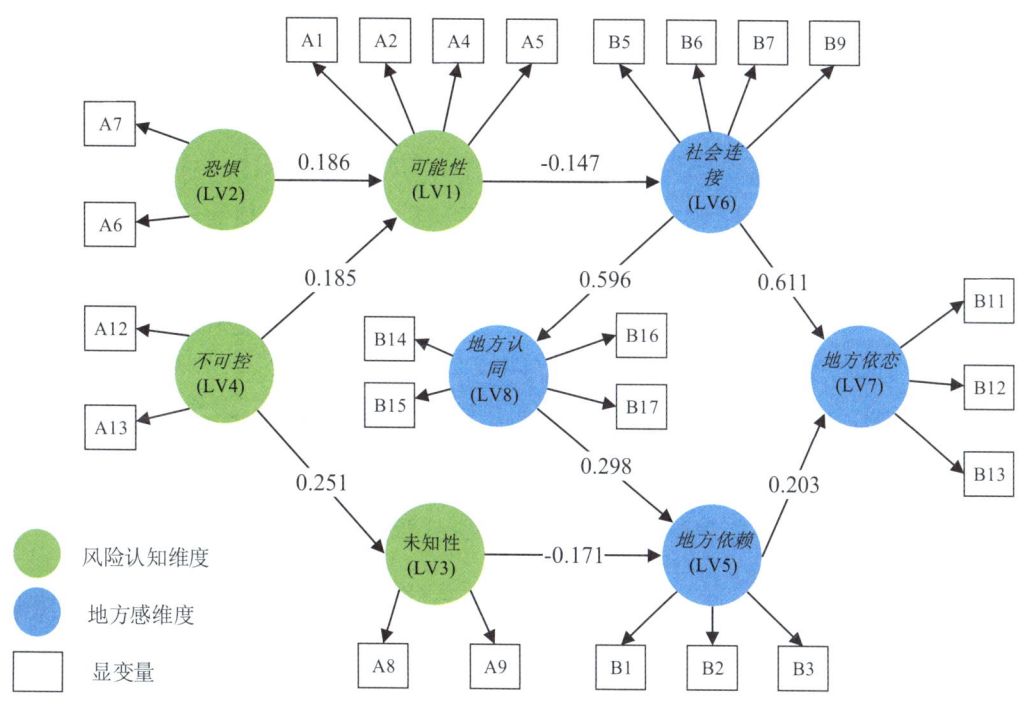

图4-17　PLS-SEM 路径系数估计结果

3.3.3 实证结果讨论

从图4-17可知，风险认知中的可能性对地方感的社会连接有负向的影响，路径系数是-0.147，表明当地居民如果预期滑坡有很大可能性发生，会降低居民对邻居的依赖感。原因可能是：由于一旦发生山体滑坡灾害事件，居民预料到生命和财产可能遭受严重损失，这时候原来的社会连结、邻里关系等因素都不及避险重要了。同样，风险认知的未知性对地方感的地方依赖的路径系数同样是负数，值是-0.171。灾害的未知性心理可能更多地出现在教育层次较低的人群中，和本研究受访人群的教育背景相符，这种听天由命的心理可能会高估灾害对居住区域造成的损失，进而降低受灾人群的地方依赖。

考虑地方感内部维度的相互影响，社会联结对另外他三个维度都有正向影响，影响最为明显的是对地方依恋，路径系数达到0.611；对地方认同也有较高的影响，它们之间的路径系数有0.596。风险认知内部维度的影响结构更为简单，当民众倾向于认为山体滑坡是不可控时，对预期山体滑坡发生可能性的感知会增强。同样的，这种个人偏见也会促使民众更加相信山体滑坡是上天决定的。两者的路径系数分别是0.185、0.251。还有一点需要注意的是，农户面对灾害的恐惧心理会高估对灾害发生可能性的判断。

模型中的路径系数分解为与图4-17中箭头所表示的直接路径和间接路径对应的直接和间接影响。这是基于这样的规则：在线性系统中，i维度对j维度的总因果效应是从i到j的所有路径之和。经计算，结果显示风险认知中的可能性维度间接通过社会联结对地方依恋和地方认同产生显著的间接影响，间接效应分别是-0.099、-0.088。地方感内部社会联结会对地方认同和地方依恋有直接影响，并存在社会联结>地方依赖的间接影响作用，路径是社会联结>地方认同>地方依赖，这种间接效应也被称作中介效应，计算显示是0.177，可以看出外生潜变量社会联结对地方依赖的直接和间接效应都很显著，表明社会联结会多个方面加强农户的地方依赖，这可能是聚落这种独特的群体生活方式引起的，相较于其他群居方式，如城市小区住户更多的是独处，人际纽带对地方依赖的影响显然要较弱。总之，对于本文的研究对象而言，风险认知的子维度通过直接和间接方式影响到了地方感的子维度，形成了复杂的互动机制。

4 研究小结

中国是一个人口大国，也是山地灾害大国。同时，中国正在进行的新型城镇化建设战略离不开对山区土聚落的合理重构。探索山地灾害威胁区的农户风险认知及其影响机制，可以从社会背景和文化层面推动灾害综合防治和聚落优化的实施，真正增强规划的民众参与性。

本研究利用三峡库区滑坡威胁区农户灾害风险认知及其行为响应及农户在灾害多发区地方感的调研数据，通过主成分分析分别将风险认知量表词条和地方感

第四章 灾害背景下的个体风险认知与地方感

量表词条分别划分为四个维度。首次针对山地灾害威胁区居民的风险认知和地方感的互动机制进行了研究，通过所建立的PLS-SEM模型，定量地揭示了风险认知和地方感子维度间的直接和间接影响，研究结果如下：

（1）可能性、恐惧性、未知性、不可控性构成风险认知的四个维度；地方感包括地方依赖、社会联结、地方依恋、地方认同四个维度。结合已有的文献资料提出的理论，同时考虑本研究实际情况，模型的内生潜变量包含地方依恋、地方认同和地方依赖三个，其他潜变量都作为外生变量，对内生变量形成直接或间接的影响，三者的R^2值分别有0.488、0.355、0.174，都能满足进行探索性理论研究的最低要求，同时也有较好的实践价值。

（2）风险认知的可能性、未知性子维度分别对地方感社会联结、地方依赖产生了直接影响，其中可能性维度每上升一个单位，会使社会联结下降-0.147个单位，而未知性维度也对地方依赖形成类似冲击。可能性还通过社会联结间接对地方依恋和地方认同有较为显著的影响，间接效应是-0.099、-0.088。

基于以上分析，研究可以得到以下几点研究和政策启示：

（1）传统的山地灾害风险评估大多仅从专家和政府的视角出发，更多考虑的是灾害的自然发育规律，不一定能得到当地居民的理解。由于身处灾害威胁区域内，居民的意识和行为选择里面有复杂的机制存在，因此不能忽略居民认知层面的特殊性。对于我国山地灾害多发区居民而言，本研究可以在一定程度上揭示其避灾意愿及选择的深层次原因。

（2）本研究的结论对政策改进也有重要的启示意义。如研究中发现，农户风险认知里预期山体发生可能性的维度对地方感的社会联结维度有显著的负向影响，这说明政府应该及时公开通报灾害波及范围、真实损失，引导群众不听信谣言，降低受灾后的恐惧感。此外，研究结果也暴露出农户缺乏基本的科学素养，出于对未知事物的恐惧心理高估灾害威胁性，政府应在防灾培训中普及基本的灾害学知识，以利于综合减灾策略的实施。

第5章
避灾行为选择的多角度分析

1 避灾行为选择的总体分析

本研究关注的对象是山地灾害威胁区农户，关注外部风险尤其是山地灾害对农户造成的冲击及农户的应对策略。从国外已有研究来看，居民搬迁行为、避灾准备及政府在区域实施灾害保险的可能性（即居民购买相应的保险意愿）是学者主要关注的几种居民避灾行为选择方式。因此，在此部分本研究也从以上几个方面就居民行为选择及其驱动机制进行简单综述。

1.1 居民搬迁行为及其驱动机制

关于灾害威胁区居民搬迁行为及其影响因素的研究，最早可以追溯到20世纪50年代。然而，早期的研究相对比较零散，这一状况直到Baker（1991）以综述的形式系统地总结了1960~1990年间影响灾害威胁区居民搬迁行为的影响因素。此后，学者多以此研究变量的设定作为他们研究假设的基础（Riad 等，1999；Lindell 等，2005；Adeola，2008；Huang 等，2012），不断加入其他可能影响居民搬

第五章 避灾行为选择的多角度分析

迁行为的因素，然而得到的很多结果却并不统一。同时，已有研究多关注发达国家城市居民对飓风和洪水等灾害的搬迁行为响应，少有研究关注发展中国家，关注贫困地区农村居民对滑坡的搬迁行为响应（表5-1）。在众多的研究中，有的学者关注居民实际搬迁行为（如Lindell等，2005；Tobin等，2011），有的学者关注假设情境下居民的搬迁行为（即假设条件下居民的搬迁意愿）（如Riad，1998；Lazo等，2015），后者又可细分为自愿搬迁和在政府命令下强制搬迁。虽然有学者指出假设情景下居民的搬迁意愿与实际搬迁行为间存在着显著的相关关系，但强迫搬迁与自愿搬迁以及实际搬迁还是存在差别的。强制搬迁可能会引发居民与政府间的冲突，不利于社区的管理（Tobin和Whiteford，2002）。此外，不管是关注居民实际搬迁行为还是假设情景下居民的搬迁行为（意愿）的研究，学者多将其行为驱动机制分为被访者个体特征（如性别、年龄、灾害经历等）、家庭特征（包括信息来源、收入等）和灾害风险认知三个大的方面。由此，本研究也从以上几个特征对已有研究成果进行简单综述（表5-1）。

表5-1 国际上一些关于居民搬迁行为及其驱动机制的研究成果

文献	灾害类型	国家	变量的分类	主要显著的变量
Durage等（2009）	龙卷风	加拿大	社会经济指标，信息源	小孩，年龄，家庭规模，信息源
Adeola和Katrina（2008）	洪水	美国	灾害经历，居住时间，社会网络	灾害经历，居住时间，社会网络
Wallace等（2014）	洪水	美国	风险认知，家庭结构	风险认知，小孩，距离
Lim等（2015）	洪水	菲律宾	家庭结构，与灾害有关的指标	性别，小孩，房屋材料，信息源
Baker（1991）	飓风	美国	个人和家庭特征，灾害经历，与灾害有关的指标	性别，年龄，受教育程度，收入，种族，婚姻状态，与灾害有关的指标
Riad等（1999）	飓风	美国	风险认知，社会网络，资源可达性	灾害经历，性别，社会网络，居住时间
Lindell等（2005）	飓风	美国	信息源，真实风险，威胁信，灾害经历，搬迁阻碍	距离，信息源

续表

文献	灾害类型	国家	变量的分类	主要显著的变量
Huang 等（2012）	飓风	美国	信息源，个人特征	年龄，受教育程度，收入，灾害经历
Stein 等（2013）	飓风	美国	社会经济指标，信息源，风险认知	信息源，风险认知
Dash 和 Gladwin（2014）	飓风	美国	灾害有关指标，家庭特征，社会经济指标，信息源	信息源，年龄，收入，家庭规模
Lazo 等（2015）	飓风	美国	个体和家庭特征，风险认知，有利或不利条件，信息源，世界观	性别，年龄，小孩，世界观，可控性灾害经历，信息源

很多实证研究表明，被访者个体特征（包括性别、年龄、受教育程度、灾害经历等常见指标）会显著影响其搬迁行为，然而实证研究的结果却并不一致。比如，一些研究发现面临灾害威胁时，女性比男性搬迁的概率大（Bateman 和 Edwards，2002；Lazo 等，2015；Lim 等，2016），然而 Stein 等（2013）的研究却发现居民的搬迁行为间不存在显著的性别差异；一些研究发现老年人比其他年龄群的人更倾向于搬迁（Lazo 等，2015），然而另外一些研究却发现相反的结果（Trumbo 等，2014）；一些研究发现有灾害经历的被访者倾向于搬迁的可能性越大（Bateman 和 Edwards，2002；Burnside 等，2007；Adeola，2008），然而一些研究却发现灾害经历与搬迁行为存在负向显著或不显著相关关系（Lindell 等，2005）。

除了个人特征外，许多研究实证结果表明被访者家庭特征（如收入、家庭结构、信息来源、距离灾害点距离、社会关系网络等）也会显著影响其搬迁行为，然而同个体特征一样，得到的结果却并不一致。比如，有的研究发现居民搬迁可能性随着收入增加（Bateman 和 Edwards，2002；Dash 和 Gladwin，2007），而有的研究却发现居民搬迁可能性随着收入降低（Trumbo 等，2014）或与收入无显著相关关系（Huang 等，2012；Stein 等，2013）；一些研究发现政府官方公布的信息对居民搬迁行为有正向显著影响（Burnside 等，2007；Lim 等，2016），一些研究发现从家人或朋友那获得关于灾害的信息对其搬迁行为有显著影响（Lazo 等，2010；Widener 等，2013），然而有的研究却发现信息获取渠道与其搬迁与否不存在显著相关关系（Lazo 等，2015）。

面对山地灾害的威胁，居民只有感知到灾害的威胁才会做出相应的行为决策（Lazo 等，2015）。因此，居民的灾害风险认知也会影响其搬迁行为决策。然而，由于灾害风险认知测度的标准不统一，已有研究得到的关于灾害风险认知与居民搬迁行为间相关关系结果却并不统一，存在差异。比如，Riad 等（1999）的研究表明居民对灾害风险的严重性感知是其搬迁行为决策的显著影响因素；Lazo 等（2015）的研究表明居民对灾害发生的可能性和可控性感知与其搬迁行为决策无显著相关关系；而Xu 等（2017）的研究表明居民对山地灾害发生的可能性、威胁性和可控性感知与其搬迁行为决策间相关关系显著，而居民对山地灾害的未知性和担忧性感知与其搬迁行为决策间相关关系不显著。

1.2 居民避灾准备及其驱动机制

同居民搬迁行为及其驱动机制研究类似，居民避灾准备及其驱动机制的研究一直也是地理学和灾害学研究的热点和重点内容之一。驱动机制常被划分为个人特征、家庭特征、灾害风险认知和地方感等。下面简要对其进行简单述评。

许多实证研究结果表明，居民避灾准备及其驱动机制与受访者个人及家庭社会经济特征、自身灾害经历等密切相关。然而，这些因素在居民避灾准备行为中的具体作用机制却并不统一，主要取决于各自所处的环境（Miceli 等，2008）。比如，一些研究发现，拥有房屋使用权，有更高的收入和受教育年限，家中有更多的小孩、老人、女性，居住时间越长，被访者有避灾准备的可能性越大（Edwards，1993；Collins，2008；Fischer，2011；Brenkert-Smith 等，2012）。然而，另外一些研究却得到与此相异的结果。如Edwards（1993）发现年龄与地震避灾准备间无显著相关关系；Fischer（2011）发现老人年纪越大，其避灾准备可能性却越小。此外，也有研究结果发现灾害经历、逃生经历、风险认知与避灾准备间存在显著相关关系。经历灾害的时间越近、越直接，遭受灾害的损失越严重，居民有避灾准备的可能性越大（Riad和Norris，1998）。

除了个人特征和家庭特征外，灾害风险认知与避灾准备间的相关关系也是学界关注的热点之一。然而，由于灾害风险认知的测度标准不一，灾害风险认知与避灾准备行为间的实证结果并不统一。比如，早期大多数研究只通过灾害发生的可能性以及灾害造成的损失去衡量灾害风险认知，并得到灾害风险认知与避灾准备行为间存在很弱的相关关系或不存在显著的相关关系（Lindell和Whitney，2000）。而Miceli等（2008）在认知与行为心理学理论范式发展的基础上，从灾害发生可能性及对灾害的担忧去测度灾害风险认知，结果发现灾害发生可能性与避灾准备间无显著相关关系，而对灾害的担忧与避灾准备间存在正向显著相关关系。

此外，虽然也有少量的定量研究系统研究地方感在居民避灾准备中的作用，然而得到的结果也并不一致。比如，一些研究发现，居民的地方感越强，其越倾向于采取响应的避灾准备措施（如Mishra等，2010；Anton和Lawrence，2016），而另外一些研究却得到与此相反的结果。比如，Brenkert-Smith等（2006）的研究表明，居民会衡量避灾行为与地方感以及居住在威胁区内的真实感受间的关系，除非直接受到灾害威胁，否则他（她）们不愿采取避灾准备。

1.3 居民购买保险行为及其驱动机制

同居民搬迁行为、避灾准备及其驱动机制研究类似，居民购买保险行为及其驱动机制的研究一直也是地理学和灾害学研究的热点和重点内容之一。驱动机制常被划分为个人特征、家庭特征、灾害风险认知等。下面简要对其进行简单述评。

许多实证研究结果表明，居民购买保险行为及其驱动机制与受访者个人及家庭社会经济特征等密切相关。然而，这些因素在居民购买保险行为中的具体作用机制却并不统一，主要取决于各自所处的环境（Wang等，2012；Jin等，2016）。比如，Simon和Fiorentino（2014）的研究发现家庭收入与居民购买灾害保险间存在正向显著相关关系。而Jin等（2016）的研究却发现家庭收入与居民购买灾害

第五章 避灾行为选择的多角度分析

保险间存在负向显著相关关系，他们给出的解释是农户家庭收入高主要是因为外出务工引起的，居民完全可以通过外出务工等其他手段来缓解灾害对家庭造成的冲击，故而对灾害保险的购买意愿并不强烈。Wang等（2012）的实证研究发现，区域层面的灾害经历与居民购买灾害保险意愿间的相关关系并不显著，然而个人层面的灾害经历却与居民购买灾害保险意愿显著相关。而Jin等（2016）等人的研究却发现灾害经历与购买保险意愿间正向显著相关。

除了个人特征和家庭特征外，灾害风险认知/居民的风险偏好与购买保险间的相关关系也是学界关注的热点之一。然而，实证结果却并不统一。Simon和Fiorentino（2014）和Jin等（2016）的研究结果发现持风险厌恶态度的人越倾向于购买灾害保险；Kunreuther（2006）的研究结果发现农户会低估灾害的风险，进而购买灾害保险意愿不强烈。而Wang等（2012）的实证研究结果却发现位于灾害严重威胁区的一些居民并不愿购买保险，并不是因为他（她）们意识不到灾害的威胁（发生的可能性和严重性），而是因为他（她）们更想要政府直接赔偿他（她）们因为灾害所造成的损失。

1.4 研究述评

灾害对居民造成的冲击及居民的行为响应研究在国外已有几十年历史，研究内容已相对丰富，研究方法也相当多元。然而，我国在此方面的研究（尤其是居民对灾害的风险认知及其行为响应研究）基本还处于初级阶段，亟须开展相应的实证研究。同时，即使是国外的相关研究，由于研究区的文化背景、经济社会发展的不同，很多实证研究结果并不统一。国外实证研究中，已有的这些居民行为选择背后的驱动因素在我国广大山区聚落中会是怎样的结果，亟须进一步探索。

从已有研究来看，探究农户能力、灾害风险认知、地方感和农户行为选择的研究已经相当多元，然而这些研究多基于单一研究视角，关注以上各个因素在农户单一行为选择中的作用。比如，在地理学、管理学和经济学领域，大量实证研究在农户可持续生计分析框架指导下，关注农户能力与生计策略选择间的关系；在地理学和灾害学领域，大量实证研究在PADM研究框架指导下，关注居民灾害风险认知与其搬迁行为、购买保险行为及避灾行为间的关系（Born和Viscusi，2006；Miceli等，2008；Mishra等，2010；Lindell等，2015；Lindell等，2016）；在旅游地理学或文化地理学领域，大量实证研究在地方感模型的研究框架指导下开展地方感影响因素研究，地方感在自然景观及社区建设中的作用研究等（如Jorgensen和Stedman，2001；Dallago，2009；Devine-Wright，2010；朱竑等，2016）。此类研究可以从单一学科视角帮助我们理解我国广大山区聚落山地灾害威胁区农户面临的两个极端现象。然而，要深入剖析这种现象背后农户行为选择及其驱动机制，还需多学科视角的耦合，建立新的研究框架和开展相应的实证研究。

近年来，从农户尺度出发，探究农户行为决策及其驱动机制的研究越来越多，逐渐呈现多元化、学科交叉化趋势。越来越多的学者意识到学科交叉在解释特定研究区现象中的重要性，并做了相应的探索。比如，李聪等（2014）将劳动力迁移视角引入可持续生计分析框架，并利用陕西农户调研数据实证分析劳动力外出务工对流出地家庭生计策略的影响机理；梁义成等（2014）基于微观经济学的理论（局部可分农户模型），将家庭结构视角引入可持续生计分析框架，分析不同家庭结构视角下农户生计策略的形成机制。本研究的研究框架思路多少也受以上两位学者的启发，将灾害风险认知和地方感引入可持续生计分析框架，探究农户生计、认知在其行为决策中的具体作用。

此外，注意到虽然也有少量定性研究表明，农户面临山地灾害的威胁不搬迁或搬迁后选择回流，其可能原因在于对于居住地灾害风险认识的不足，长期居住在居住地所产生的深深的恋地情节（地方感）以及对搬迁后家庭生存状况的担忧（如土地耕作半径增大或失去土地，房屋需要重建等）（如Gaillard，2008），这为我们理解中国许多山区聚落山地灾害威胁区出现的两个极端现象提供了新的视角（农户能力和认知视角）。然而，却少有定量研究综合考虑以上几种因素，提出新的研究框架，从定量层面揭示以上几种因素在农户个体行为决策中的具体作用机制。

2 农户保险购买

本研究关注的对象是滑坡威胁区农户，这类群体在从事农业生产的同时也面临滑坡冲击土地/房屋财产/生命安全的威胁。故而，研究此部分关注农户两类灾害保险购买意愿。一是农业保险购买意愿（表5-2），二是地质保险购买意愿（表5-3）。

由表5-2可知，农户农业保险购买意愿呈现两端大中间小的频数分布格局。其中，有192户农户（占比55.17%）不愿意购买农业保险，154户农户（占比42.25%）愿意购买农业保险，仅有2户农户（占比0.57%）农业保险购买意愿为一般。

表 5-2 农户农业保险购买意愿频数分布表

意愿	频数	占比(%)	累积占比(%)
1	120	34.48	34.48
2	72	20.69	55.17
3	2	0.57	55.75
4	124	35.63	91.38
5	30	8.62	100.00
总计	348	100	

由表5-3可知，农户山地灾害保险购买意愿频数分布情况与农业灾害保险购买意愿频数分布情况类似，也是呈现两端大中间小的频数分布格局。其中，有199户农户（占比57.18%）不愿意购买山地灾害保险，147户农户（占比42.24%）愿意购买山地灾害保险，仅有2户农户（占比0.57%）山地灾害保险购买意愿为一般。

表5-3 农户山地保险购买意愿频数分布表

意愿	频数	占比(%)	累积占比(%)
1	122	35.06	35.06
2	77	22.13	57.18
3	2	0.57	57.76
4	121	34.77	92.53
5	26	7.47	100.00
总计	348	100	

3 农户搬迁选择

本研究关于农户搬迁行为的选择，主要从以下两方面进行测度：一是政府强迫搬迁命令下农户的搬迁意愿。由于政府/专家对灾害的认知与农户往往存在差别，故而这种情况在现实生活中经常出现。在政府得到预警可能会发生山地灾害时，会通过各种渠道疏散威胁区内的居民或组织居民搬迁，对于有些不愿搬迁的居民，政府往往会采取强制的手段（因为灾害就快来了），故而，探究这种情形下农户的搬迁行为具有一定的现实意义。二是给定补贴条件下农户自愿的搬迁意愿。对于灾害威胁区农户，不管是就地后靠还是异地搬迁，政府一般会给予农户一定的补贴，故而，本研究也关注政府在给予一定补贴的情况下农户自愿的搬迁行为及其驱动机制，以便与第一类行为作对比。

由表5-4可知，由于面临山地灾害的威胁，即使在政府的强迫搬迁命令下，农户还是倾向于搬迁。其中，229户农户（占比65.80%）愿意搬迁，108户农户（占比31.04%）不愿意搬迁，11户农户（占比3.16%）在政府强迫搬迁命令下意愿为一般。

表5-4 政府强迫搬迁命令下农户搬迁意愿频数分布表

意愿	频数	占比(%)	累积占比(%)
1	106	30.46	30.46
2	123	35.34	65.80

第五章 避灾行为选择的多角度分析

续表

意愿	频数	占比(%)	累积占比(%)
3	11	3.16	68.97
4	77	22.13	91.09
5	31	8.91	100.00
总计	348	100	

由表5-5可知，同政府强迫搬迁命令下农户搬迁意愿类似，政府在给予一定补贴的情况下农户自愿搬迁意愿更强烈。其中，289户农户（占比83.05%）愿意搬迁，34户农户（占比9.77%）不愿意搬迁，25户农户（占比7.18%）在政府给予一定补贴的情况下意愿为一般。

搬迁前的房屋和搬迁后集中安置的小区见图5-1、图5-2。

表5-5 政府在给予一定补贴的情况下农户自愿搬迁意愿频数分布表

意愿	频数	占比(%)	累积占比(%)
1	206	59.20	59.20
2	83	23.85	83.05
3	25	7.18	90.23
4	20	5.75	95.98
5	14	4.02	100.00
总计	348	100	

图5-1 搬迁前的房屋

图5-2 搬迁后集中安置的小区图

4 农户避灾准备

表5-6显示的是农户避灾准备种类频数分布表。由表可知，348户样本农户中，有234户农户（67.24%）没有任何避灾准备，仅有7户农户（2.01%）有4种避灾准备。此外，62户、35户、10户农户分别只有1种、2种、3种避灾准备，分别占总样本的17.82%、10.06%和2.87%。图5-3显示的是几种避灾准备频数频率图。由图5-3可知，在5种避灾准备行为中，有意识地学习灾害相关知识的农户最多，有90户，占样本数的25.86%；其次为避灾准备一些必备物品，有42户，占样本数的12.07%。购买与灾害相关保险的农户最少，仅5户，占样本数的1.44%。

表5-6 农户避灾准备种类频数分布表

数量	频数	占比(%)	累积占比(%)
0	234	67.24	67.24
1	62	17.82	85.06
2	35	10.06	95.11
3	10	2.87	97.99
4	7	2.01	100
总计	348	100	

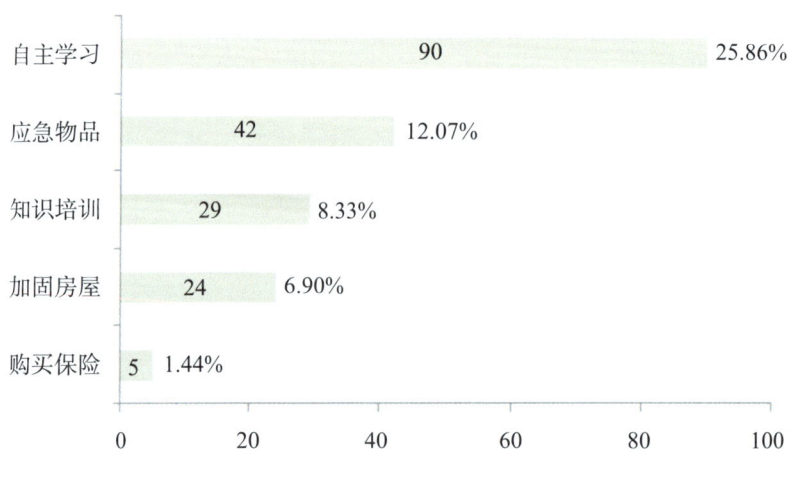

图5-3 几种避灾准备频数频率图

5 群测群防体系建设

5.1 群测群防体系介绍

"群测群防"的概念于20世纪60年代提出，发展于70年代，是针对当时只有中央和省级地震灾害队伍的情况，按照当时计划经济条件下的地震工作方针提出的，目的是充分调动全社会的力量，多路探索解决地震测报问题。顾名思义，就是需要发动广大群众共同参与灾害的监测与预防。目前，在我国山地灾害的监测预警中借鉴了地震监测这个办法。我国是一个山地大国，广大山区聚落广布，点多面广，如果仅仅依靠政府的力量（人力、财力）去对灾害隐患点进行监测治理，那将耗费大量的资源。因此，做好山地灾害防治工作，加强群测群防体系建设是一个有效的手段。

群测群防体系是指区县、乡镇政府和村居委会组织城镇或农村居民为防治山地灾害而自觉建立与实施的工作体制和减灾行动，其目的在于通过在灾害隐患点处设立警示牌，向灾害威胁区内居民发放防灾减灾知识宣传卡，进行防灾减灾基础知识培训和组织逃生演练等措施提升居民的灾害风险认知，使得灾害威胁区居民能够及时捕捉山地灾害前兆、变形迹象、活动信息，迅速发现险情，及时预警自救，减少人员伤亡和经济损失。

根据相关文件规程，群测群防体系涉及县、乡、村三级体系。其流程大致包括以下七个步骤：

一是选点定人明责任。即明确山地灾害隐患点位置，将其作为监测对象；选择受过一定教育、责任心强的人作为骨干监测人员；确定各个监测人员的权利和责任，落实到人。

二是宣传普及带培训。这主要针对两类群体，一是普通村民，对这部分群体主要是加大山地灾害知识的宣传和普及力度（如发宣传单、组织看专题片、组织逃生演练等），在险情发生时，指导其顺利逃生，并合理寄存财产，有效保障其生命和财产安全;二是骨干监测人员,对这部分群体主要是进行山地灾害基本知识、前兆特征、报警、紧急疏散等方面的培训,将监测预报工作做到位。

三是三项制度详指定。其中,主要包括值班制度、险情巡查制度和灾情速报制度。通过制度的保障,确保监测人员到位,一旦发生灾害,能第一时间向上级报告,并帮助群众迅速转移。

四是三条措施要保证。其中,主要包括简易观测措施、灾前报警措施和紧急避险措施。这些措施主要是对灾害隐患敏感变化进行监测并记录,除了随时向上级主管部门报告外,必要时还需要报警人不断地敲锣鸣警,并组织群众有效转移,减少其生命和财产损失。

五是编制预案,明确群测群防工作程序。由国土部门牵头制定群测群防体系工作内容和应急预案,并组织实施。

六是建立应急抢救队伍,加大群测群防工作力度。对于山地灾害频发市、区(县),一般应建立县、乡、村三级监测预防体系,确保应急抢救工作的顺利开展。

七是加强监测,推进群测群防工作到位。由国土部门牵头,定期或不定期地对辖区内山地灾害隐患点进行巡查,逐步建立起县、乡、村三级监测预防体系。

图5-4　灾害警示牌

第五章 避灾行为选择的多角度分析

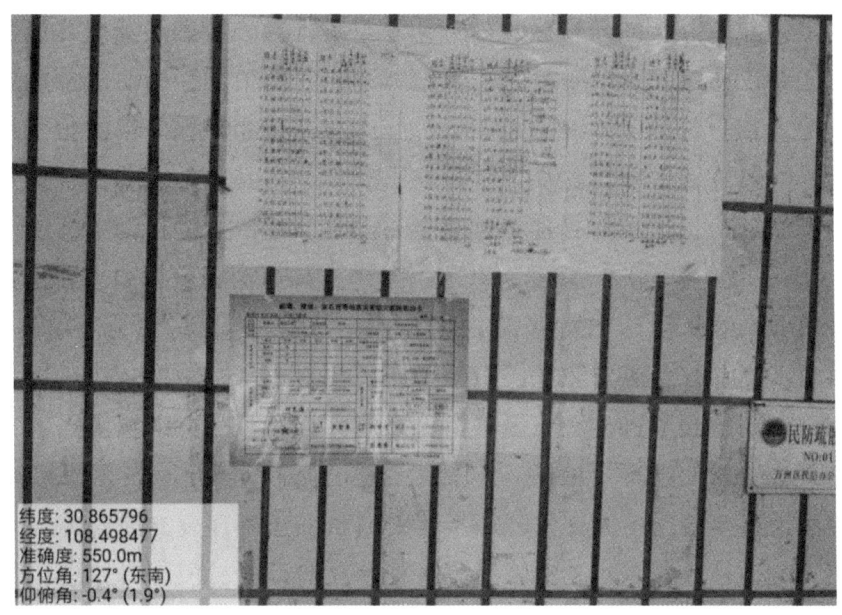

图 5-5　防灾避险明白卡

总体而言，群测群防工作作为防灾减灾工作的重要组成部分，蕴藏着巨大的减灾效益。然而，目前各界对该体系也存在一定争议。其中，做得好的地方觉得这套体系有巨大作用，能有效地减少居民的生命和财产损失；做得不好的地方觉得这套体系不是专业的人干专业的事，有点流于形式，劳民伤财。但是不可忽视的是，在大量的灾害预警中，群测群防体系已经发挥了重要的作用。

5.2　群测群防体系现状

在充分挖掘群测群防体系概念步骤基础之上，结合三峡库区研究区实际，研究拟从农户家里是否准备有灾害发生时的应急物品、是否知道村里有群测群防体系、是否知道村里滑坡灾害点处有灾害警示牌、农户家里是否收到群测群防体系宣传单、农户家里是否有人参加群测群防知识培训及是否有人参加逃生演练六个方面对群测群防体系进行测度。结果表明，49%的被访者知道村里有该体系，82%的被访者知道灾害点有灾害警示牌。然而仅有19%的被访者家里有人参加过群测群防知识培训，38%的家庭有人参加逃生演练，39%的家庭收到过关于群测群防体系知识的宣传单。

5.3 群测群防对灾害风险认知的影响

5.3.1 研究切入点

居民的灾害风险认知水平及其驱动机制一直是学界研究的热点和焦点之一。然而，在已有的研究中，学者多从被访者的社会经济条件、人口特征、文化、灾害经历、福利（Tobin等，2011；Jones，2013）、社会关系网络（Tobin，2011）等角度去研究以上因素对居民灾害风险认知水平的影响，少有研究关注群测群防体系对居民灾害风险认知的影响。我们认为，居民后天的训练（如逃生演练）可能有助于提高其风险认知某些维度的认知水平。比如，通过逃生演练，居民知道在山地灾害发生时哪些地方是危险的，哪些地方是相对安全的。此外，我国虽然于20世纪60年代就提出了群测群防体系概念，并在全国很多地方都建立了以政府为主导，民众广泛参与的群测群防体系，取得了一定的效果，但同时也存在一些问题。然而，过去了50多年，至今还鲜有定量研究表明群测群防体系是否能显著提高或在多大程度上能提高居民的灾害风险认知水平，并进而提升居民的防灾减灾能力。

基于以上背景，为了回答上述问题，研究选择以滑坡为主要山地灾害的三峡库区开展实证研究，从多维角度测度农户的灾害风险认知水平，关注群防群测体系对居民灾害风险认知总体水平及各个子维度的具体影响，增进学界对灾害风险认知认识的同时，以期为地方政府群测群防政策的具体实施提供参考依据。

5.3.2 研究框架

关于灾害风险认知及其影响因素已有的研究大概分为定性与定量两种范式，前者对应于文化理论，后者对应于心理测量范式。本研究是在心理测量范式下开展的实证研究。就灾害风险认知影响因素的研究框架而言，以往的研究多关注个

第五章 避灾行为选择的多角度分析

人尺度（如人口特征、文化和灾害经历）和家庭尺度（如区位、信息、福利和社会关系网络）的特征对居民灾害风险认知的影响，少有研究关注社区尺度的特征对居民灾害风险认知的影响。居民是社区中的个体，其对灾害的认知可能会受社区对灾害应对措施的影响。基于此，本研究拓展以往关于灾害风险认知影响因素维度，考虑社区尺度的群测群防体系对居民灾害风险认知的影响。研究框架图如下（图5-6）：

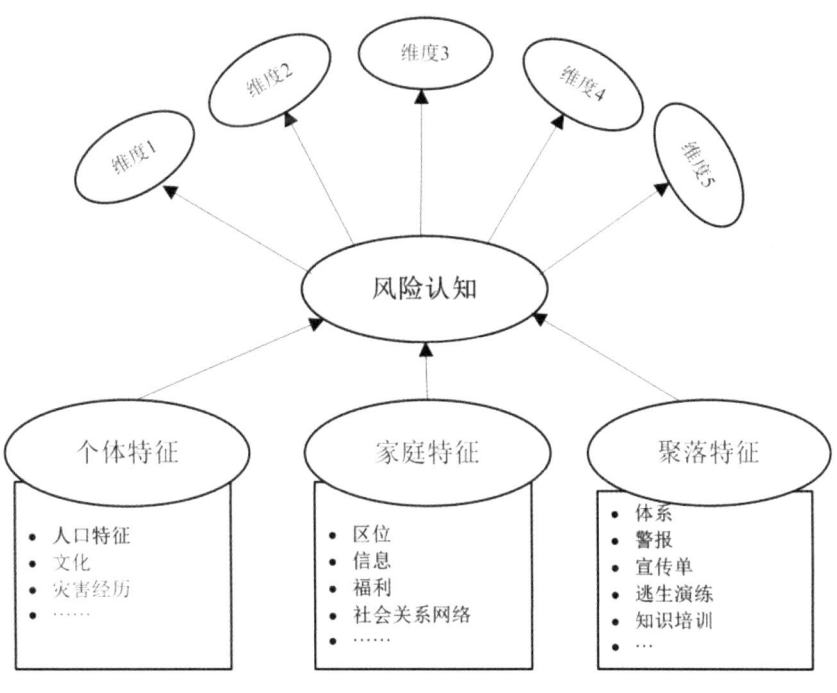

图5-6 研究框架图

5.3.3 指标测度

本研究的因变量为居民的灾害风险认知水平，根据心理测量范式，研究从可能性、担忧、未知、可控性和威胁性5个维度对其进行测度。具体测度指标和结果解释请详见上一章。

本研究关注的核心问题是，群测群防体系是否会对农户灾害风险认知产生显著影响，如果产生，这种影响能达到多大。基于此，群测群防体系的测度是本研究的关键。研究选取农户是否知道村里有群测群防体系，是否知道滑坡灾害点处有警示牌，是否收到群测群防体系宣传单，家里是否有人参加群测群防知识培训和家里是否有人参加逃生演练5个指标测度群测群防体系。同时，为了减少外在因素对模型结果的影响，研究选取文献中常见的一些变量（比如性别、年龄、灾害经历等）作为本研究的控制变量，将影响农户灾害风险认知的因素分为个人因素、家庭因素和群防群测体系因素三类（表5-7）。

表5-7 农户灾害风险认知的影响因素

类	变量	测度	Mean	SD [a]
个人因素	gender	性别(0=男，1=女)	0.36	0.48
	age	年龄(年)	57.66	10.82
	education	受教育年限(年)	4.98	3.26
	experience	是否有滑坡灾害经历(0=否,1=是)	0.88	0.33
	knowledge	对村子滑坡点分布的了解程度(1=非常不了解—5=非常了解)	2.83	1.51
	trust	对政府公布灾害信息的信任程度(1=非常不可信—5=非常可信)	4.18	1.13
家庭因素	distance	家庭是否在红色区域内(家到灾害点距离≤100米=1,其他=0)	0.58	0.49
	income	家庭年现金收入(元)	44 223.99	55 541.70
	loss	家庭是否因为滑坡而造成经济损失(0=否,1=是)	0.68	0.47
	net	家中亲戚朋友是否集中居住在家庭周围(0=否,1=是)	0.45	0.53
	information	家庭获得滑坡信息渠道(1=无渠道；2=亲友/政府；3=媒体；4=两者都有)	2.51	1.03
	prepare	家里是否准备有灾害发生时的应急物品(0=否,1=是)	0.17	0.35
群测群防体系因素	cognition	是否知道村里有群测群防体系(0=否,1=是)	0.49	0.50
	warning	是否知道村里滑坡灾害点处有灾害警示牌(0=否,1=是)	0.82	0.39
	leaflet	家里是否收到群测群防体系宣传单(0=否,1=是)	0.39	0.52
	train	家里是否有人参加群测群防知识培训(0=否,1=是)	0.19	0.39
	escape	家里是否有人参加逃生演练(0=否,1=是)	0.38	0.49

[a] SD 为标准差。

第五章 避灾行为选择的多角度分析

5.3.4 研究方法

本研究主要探究群测群防体系对农户灾害风险认知的影响，采用5级里克特量表测度农户灾害风险认知水平（第4章），并将影响农户灾害风险认知的因素分为个人因素、家庭因素和群测群防体系因素（表5-7）。涉及的方法主要有信度检验、主成分分析、功效系数法和多元线性回归。各个方法的使用顺序如下：①对农户灾害风险认知量表进行信度检验，剔除信度不好的词条；②对通过信度检验的词条进行主成分分析，得到农户灾害风险认知总得分和各个子维度的得分；③使用功效系数法将农户灾害风险认知总得分和各个子维度的得分转化为百分制得分；④以结合表5-7中的自变量构建如下计量经济模型。软件使用stata 11.0。

$$Score_i = a_0 + a_i^* Person_i + b_i^* Household_i + c_i^* System_i + \varepsilon_i \quad (5.1)$$

其中，$Score_i$表示农户灾害风险认知总得分和各个子维度的得分。$Peson_i$表示个人因素，$Household_i$表示家庭因素，$System_i$表示群测群防体系因素。a_0表示常数项，a_i，b_i，c_i分别表示个人因素、家庭因素和群测群防体系因素的回归系数。ε_i表示残差。

5.3.5 计量经济模型结果

农户灾害风险认知及其影响因素计量经济模型结果详见表5-8。就个人因素而言，age，experience和trust对农户灾害风险认知总得分有显著影响，然而experience和trust对灾害风险认知总得分的影响远高于age。具体而言，在其他条件不变的情况下，被访者年龄每增加1岁，其灾害风险认知总得分平均仅降低0.163分，而有过滑坡灾害经历和对政府公布滑坡信息越信任的被访者，其灾害风险认知总得分平均比没有滑坡经历和对政府滑坡信息越不信任的被访者平均高8.361分和2.070分。此外，age，experience和trust还对一些灾害风险认知子维度得分影响显著。如age和trust对担忧子维度得分影响显著，experience对可能性子维度得分影响显著。

gender，education和knowledge虽对农户灾害风险认知总得分无显著影响，但

-131-

却对一些子维度得分影响显著。具体而言，在其他条件不变的情况下，女性比男性威胁性子维度得分平均低4.33分；education每增加1年，被访者可能性子维度得分平均降低0.985分；对村落滑坡灾害点分布了解程度增加1个等级，可能性子维度得分平均增加1.729分，未知子维度得分平均降低1.615分。

就家庭因素而言，distance，loss和information对农户灾害风险认知总得分有显著影响。具体而言，在其他条件不变的情况下，相较于红色区域外和没有经济损失的家庭，红色区域内和有经济损失的家庭，其被访者灾害风险认知总得分平均分别增加4.275分和3.960分；而相较于无信息渠道的家庭，信息来源于媒体和亲友/政府混合渠道家庭的被访者，其灾害风险认知总得分平均低5.055分。此外，distance，loss和information还对一些灾害风险认知子维度得分影响显著。如distance对可能性和担忧子维度得分影响显著，这实质上也是滑坡危险性的空间规律在认知上的体现；loss对可控性子维度得分影响显著。

表5-8 农户灾害风险认知及其影响因素计量经济模型结果

变量	可能性	担忧	未知	可控性	威胁性	总得分
gender	0.898	2.676	-0.044	2.098	-4.330**	0.588
	(2.112)	(1.649)	(1.860)	(2.220)	(1.804)	(1.747)
age	-0.086	-0.146**	0.057	-0.145	-0.045	-0.163*
	(0.092)	(0.069)	(0.090)	(0.100)	(0.084)	(0.095)
education	-0.985***	0.080	-0.293	0.227	0.315	-0.392
	(0.334)	(0.254)	(0.314)	(0.325)	(0.280)	(0.294)
experience	6.029*	3.480	3.521	0.331	4.607	8.361***
	(3.340)	(2.766)	(2.859)	(3.403)	(3.327)	(3.116)
knowledge	1.729**	-0.602	-1.615**	1.108	0.011	0.423
	(0.723)	(0.557)	(0.639)	(0.794)	(0.589)	(0.616)
trust	0.324	3.306***	-0.331	1.493*	-0.093	2.070**
	(0.933)	(0.921)	(0.770)	(0.896)	(0.777)	(0.822)
distance	3.763**	3.646**	-1.021	2.710	-0.035	4.275**
	(1.842)	(1.682)	(1.807)	(2.007)	(1.581)	(1.727)
Ln(income)	0.589	-0.676	-1.037*	1.193*	-0.987**	-0.400

第五章 避灾行为选择的多角度分析

续表

变量	可能性	担忧	未知	可控性	威胁性	总得分
	(0.571)	(0.460)	(0.583)	(0.625)	(0.464)	(0.530)
loss	0.416	0.623	2.245	4.049*	2.541	3.960*
	(2.249)	(1.749)	(2.119)	(2.262)	(1.944)	(2.133)
net	−1.901	2.002	−1.216	−3.112	0.700	−1.403
	(1.835)	(1.628)	(1.845)	(1.933)	(1.594)	(1.641)
information_2	2.422	0.604	−2.028	−0.617	0.061	0.589
	(2.800)	(2.523)	(2.497)	(2.821)	(2.683)	(2.467)
information_3	3.470	3.175	−6.845***	−2.775	1.137	0.125
	(2.749)	(2.473)	(2.467)	(2.853)	(2.670)	(2.519)
information_4	3.307	5.240*	−14.496***	−4.013	−4.828	−5.055*
	(3.324)	(2.718)	(3.085)	(3.153)	(3.307)	(2.921)
prepare	5.159**	−8.914***	3.711	0.451	−1.922	−0.538
	(2.233)	(2.876)	(2.360)	(2.728)	(1.941)	(2.637)
cognition	−2.286	−0.899	2.629	5.646**	−1.013	0.993
	(2.301)	(1.947)	(2.185)	(2.489)	(1.823)	(2.168)
warning	3.506	−1.331	−2.488	−5.039**	−1.714	−2.269
	(2.457)	(2.185)	(2.319)	(2.494)	(2.002)	(2.128)
leaflet	1.879	−5.147*	−0.741	−0.060	−1.329	−2.252
	(2.615)	(2.959)	(1.962)	(2.916)	(1.900)	(2.008)
train	2.046	2.854	−5.051*	4.413	−0.939	1.618
	(3.027)	(2.538)	(2.588)	(3.145)	(2.608)	(2.789)
escape	−1.246	0.104	−1.602	−1.413	5.496***	0.610
	(2.040)	(1.733)	(2.091)	(2.265)	(1.790)	(1.976)
constant	36.515***	70.420***	77.414***	36.981***	70.443***	54.107***
	(9.173)	(8.729)	(8.940)	(10.743)	(8.589)	(9.217)
R-squared	0.117	0.188	0.219	0.095	0.116	0.142

注:括号里的数据为稳健标准误;*,**和***分别表示在0.1,0.05和0.01水平上显著。

income和prepare虽对农户灾害风险认知总得分无显著影响,但却对一些子维度影响显著。具体而言,在其他条件不变的情况下,农户家庭年现金收入每增加10%,未知和威胁性子维度得分平均分别降低0.10分和0.099分,而可控性子维度得分平均增加0.12分。相较于没有准备应急物品的家庭而言,平时准备有应急物品的家庭其可能性子维度和担忧子维度得分分别平均增加5.159分和平均减少8.914分。此外,net对农户灾害风险认知总得分及各个子维度得分均无显著影响。

有趣的是,群测群防体系因素均对农户灾害风险认知总得分无显著影响,却对一些子维度得分影响显著。具体而言,在其他条件不变的情况下,知道村里有群测群防体系的被访者,其可控性子维度得分比不知道者平均高5.646分;收到过宣传单的家庭,被访者担忧子维度得分比未收到的家庭平均低5.147分;家里有人参加过群测群防知识培训,其未知子维度得分比未参加的家庭平均低5.051分;家里有人参加过逃生演练,其威胁性子维度得分比未参加的家庭平均高5.496分。

6 研究小结

(1) 农户农业保险和山地灾害保险购买意愿呈现两端大中间小的频数分布格局,348户农户中,分别有154户(42.25%)和147户(42.24%)农户愿意购买农业保险和山地灾害保险;面临山地灾害的威胁,不管是在政府的强迫搬迁命令下还是在政府给予一定补贴的情况下农户搬迁意愿均比较强烈。其中,分别有229户(65.80%)和289户(83.05%)农户在以上两种情况下愿意搬迁。关于避灾准备,348户农户中有234户农户(67.24%)没有任何避灾准备,仅有7户农户(2.01%)有4种避灾准备。

(2) 就群测群防体系因素而言,49%的被访者知道村里有该体系,82%的被访者知道灾害点有灾害警示牌。然而仅有19%的被访者家里有人参加过群测群防知识培训,38%的家庭有人参加逃生演练,39%的家庭收到过关于群测群防体系知识的宣传单。

(3) 在控制个人因素和家庭因素的条件下,群测群防体系因素对农户灾害风险认知总得分影响并不显著,但对各个子维度影响显著。

第6章
能力 – 认知 – 避灾行为选择机制

1　农户能力、认知及搬迁行为选择

1.1　理论框架与研究假设

已有研究常从被访者个人及家庭经济/人口特征和灾害风险认知角度揭示居民搬迁行为选择及其背后的驱动机制。然而，由于研究所处社会文化经济背景的不一致以及灾害风险认知测度标准的不统一，不同的研究有不同的结果。本研究在已有研究基础上，结合研究区实际情况，着重关注农户两类搬迁行为决策及其背后的驱动机制。其中，一类是政府强迫搬迁命令下农户的搬迁意愿。由于政府/专家对灾害的认知与农户往往存在差别，故而这种情况在现实生活中经常出现。在政府得到预警可能会发生山地灾害时，会通过各种渠道疏散威胁区内的居民或组织居民搬迁，对于有些不愿搬迁的居民，政府往往采取强制的手段（因为灾害就快来了）。因此，探究这种情形下农户的搬迁行为具有一定的现实意义。第二类是给定补贴条件下农户自愿的搬迁意愿。对于灾害威胁区农户，不管是就地后靠还是异地搬迁，政府一般会给予农户一定的补贴，因此，本研究也关注政府在给予一定补贴的情况下农户自愿的搬迁行为及其驱动机制,以便与第一类行为作对比。由此,本研究结合研究区实际,提出对应的研究框架(图6-1)和做出如下基本假设。其中,在研究框架中,a表示自变量对因变量的直接效应,b表示自变量对因变量的间接效应(调节效应)。按照此逻辑,示意图中的控制变量、农户能力、地方感和灾害风险认知对农户搬迁意愿有直接影响,农户能力可通过风险认知对搬迁意愿产生间接影响,地方感可通过灾害风险认知对搬迁意愿产生间接影响。

H1:农户地方感各维度得分越高,其越倾向于不搬迁。

H2:农户的灾害风险认知会显著影响其搬迁意愿。农户觉得灾害发生的可能性越高、威胁性越大,农户越担忧,未知越多,其越倾向于搬迁;农户觉得灾害的可控性越强,其越倾向于不搬迁。

H3:农户应对灾害的能力会显著影响其搬迁意愿。农户越"暴露",对所处环境越"敏感"(暴露和敏感性得分越高),其越倾向于搬迁;农户恢复力会显著影响其搬迁行为决策,但具体作用机制并不明确。恢复力强的农户,有的倾向于选择搬迁,因为有能力在新居住地快速恢复生计,有的倾向于不搬迁,因为即使受灾,也可以在原居住地快速恢复生计。

H4:农户能力和地方感除了直接对搬迁意愿有显著影响外,还可能通过灾害风险认知的调节作用间接对搬迁意愿有显著影响。

H5:被访者的个人和家庭特征(性别、年龄、受教育程度、灾害经历、信息获取渠道和距离)会显著影响其搬迁意愿,然而其作用方向并不明确。

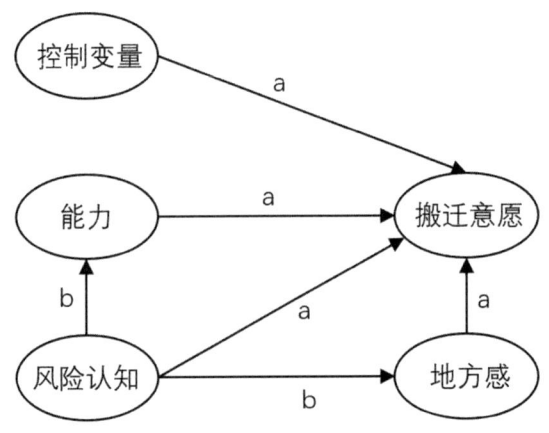

图6-1 农户搬迁意愿及其驱动机制研究框架示意图

第六章 能力-认知-避灾行为选择机制

1.2 实证检验

1.2.1 模型指标的选取

在此部分，本研究的因变量有两个，分别对应于政府强迫搬迁命令下农户的搬迁意愿和在给予一定补贴条件下农户自愿的搬迁意愿。自变量中，农户能力、地方感和灾害风险认知是研究关注的核心变量，其具体测度见第5章相关介绍。控制变量的选取借鉴 Riad 等（1999），Bateman 和 Edwards（2002），Lindell 等（2005），Burnside 等（2007），Adeola 和 Katrina（2008），Huang 等（2012），Dash 和 Gladwin（2014），Lazo 等（2015），Lim 等（2015）等研究对影响农户搬迁行为因素的设定。各个变量的具体定义和测度详见表6-1。

表6-1 模型涉及的指标定义与测度

类别	变量	测度/定义
因变量1	强迫搬迁意愿	农户在政府强迫搬迁命令下的搬迁意愿(1=非常不愿意-5=非常愿意)
因变量2	自愿搬迁意愿	农户在给定一定补贴条件下的自愿搬迁意愿(1=非常不愿意-5=非常愿意)
风险认知	可能性	滑坡发生可能性维度感知得分(1~100分)
	担忧	滑坡发生担忧维度感知得分(1~100分)
	未知	滑坡发生未知维度感知得分(1~100分)
	可控性	滑坡发生可控性维度感知得分(1~100分)
	威胁性	滑坡发生威胁性维度感知得分(1~100分)
地方感	地方依赖	农户地方依赖维度感知得分(1~100分)
	地方认同	农户地方认同维度感知得分(1~100分)
	地方依恋	农户地方依恋维度感知得分(1~100分)
农户能力	暴露	农户暴露维度得分(1~100分)
	敏感性	农户敏感性维度得分(1~100分)
	恢复力	农户恢复力维度得分(1~100分)

续表

类别	变量	测度/定义
控制变量	受教育程度	受教育年限(年)
	灾害经历	是否经历过滑坡(0=否, 1=是)
	性别	性别 (0=男,1=女)
	年龄	年龄 (岁)
	距离	家到滑坡点距离(<10 米=1, 其他=0)
	信息渠道	农户获得信息的渠道(1=仅从自己/亲朋好友；2=仅从政府/媒体；3=两者都有)

1.2.2 计量经济模型的建构

由于因变量是用1~5级的李克特量表测度的，本该使用有序多分类logistic回归模型对其影响因素进行探究。然而，由于有序多分类的变量可以近似看作连续性变量。同时，有序多分类logistic回归结果和OLS（多元线性回归）回归结果无明显差别。因此，为了模型解释方便，研究使用传统的OLS对模型进行估计，回归过程通过Stata 11.0实现。为了防止异方差对模型造成的影响，研究采用white稳健标准误对模型进行估计。建立的计量经济模型方程如下：

$$Y = \alpha + \beta_1 * 农户能力 + \beta_2 * 地方感 + \beta_3 * 风险认知 + \beta_4 * 控制变量 + \beta_5 * 交互项 + \epsilon \tag{6.1}$$

式中，Y 表示两种不同情境下农户的搬迁意愿，α 和 β_i 为模型待估参数，ϵ 为模型残差。

1.2.3 描述性统计分析

表6-2显示的是计量经济模型涉及变量的描述性统计分析结果。就两种不同情境下农户的搬迁意愿而言，在政府强迫命令下搬迁的农户其不搬迁意愿相对较强，均值为2.44，而在一定补贴条件下农户自愿搬迁的意愿相对较强，均值为4.28；对于灾害风险认知而言，威胁性维度感知得分最高（平均得分73.12分），可能性维度感知得分最低（平均得分51.62分）；对于地方感而言，地方依赖、地

第六章 能力-认知-避灾行为选择机制

方认同和地方依恋平均得分分别为59.68分、67.81分和69.88分；对于农户能力而言，农户暴露、敏感性和恢复力各维度分别平均得分3.94分、17.59分和16.02分；对于控制变量而言，36%的被访者为女性，平均年龄57.66岁，平均拥有4.98年的受教育年限。同时，88%的被访者经历过滑坡，26%的农户生活在距离滑坡点10米以内的地方，其获得滑坡信息的渠道主要是政府和媒体。

表6-2 计量经济模型涉及变量的描述性统计分析结果

类别	变量	最小值	最大值	均值	标准差
因变量1	强迫搬迁意愿	1	5	2.44	1.36
因变量2	自愿搬迁意愿	1	5	4.28	1.09
风险认知	可能性	0	100	51.62	17.36
	担忧	0	100	73.12	15.39
	未知	0	100	58.67	17.70
	可控性	0	100	52.26	18.19
	威胁性	0	100	62.14	14.96
地方感	地方依赖	0	100	59.68	17.53
	地方认同	0	100	67.81	15.27
	地方依恋	0	100	69.88	16.52
农户能力	暴露	0.00	7.37	3.94	2.48
	敏感性	0.17	26.90	17.59	5.61
	恢复力	5.01	39.56	16.02	6.57
控制变量	受教育程度	0	13	4.98	3.26
	灾害经历	0	1	0.88	0.33
	性别	0	1	0.36	0.48
	年龄	26	82	57.66	10.82
	距离	0	1	0.26	0.44
	信息渠道	1	3	1.59	0.78

1.2.4 计量经济模型回归结果

表6-3显示的是计量经济模型涉及自变量的相关系数矩阵。由相关系数可知，自变量间不存在严重的多重共线性（所有相关系数均小于0.8）。表6-4和表6-5分别显示的是政府强迫搬迁命令下和给定补贴条件下农户搬迁意愿影响因素的计量经济模型结果。为了检验模型变量的稳健性，在探究农户能力和认知在搬迁行为决策中的具体作用机制时，研究构建6个模型。其中，模型1、模型2、模型3和模型4分别表示只纳入灾害风险认知、地方感、农户能力和其他控制变量时模型的结果，模型5是将灾害风险认知、地方感、农户能力和其他控制变量全部纳入时模型的结果，模型6是在模型5的基础上加入显著交互项后的结果。由表6-4和表6-5可知，除了控制变量外，研究关注的变量在各个模型中均比较稳健，系数方向未发生变化，只是系数的大小略有差异而已。同时，在构建交互项时，为了避免原始变量和交互项间产生多重共线性问题，本研究先对原始变量进行中心化（即原始变量减去变量对应均值），然后以中心化后的变量构建交互项。由表6-4和表6-5可知，最终模型（模型6）的整体显著性检验通过，表示至少有一个自变量与因变量相关关系显著。此外，最终模型的R^2分别为0.52和0.44，表示模型自变量分别能解释因变量变异的52%和44%。

由表6-4和表6-5可知，就地方感而言，研究结果部分与研究假设H1一致，地方感对两种不同情形下农户搬迁意愿的影响结果基本一致，只是回归系数上略有差异。具体而言，地方认同和地方依赖均与农户搬迁意愿负向显著相关，这与研究假设H1相符。研究结果表明，农户地方认同与地方依赖得分越高，其越不愿意搬迁。具体而言，在表6-4模型6中，当其他条件不变时，地方认同和地方依赖得分每增加1分，农户搬迁意愿平均分别减少0.01和0.01个等级。地方依恋与农户搬迁意愿间相关关系不显著，这与研究假设H1不一致。村落（地方）不仅为农户提供了居住的场所和生活的要素资源（土地），更为农户与邻里日常生活来往提供了空间。农户与地方（村落）长期的互动使得农户深深地扎根于村落，对村落形成了强烈的认同感和归属感（依赖感）（认为自己的根就在村子里）。而这种强烈的认同感和依赖感会减弱农户搬迁的意愿。正如一位年长的被访者所说："病死不离床，老死不离乡的传统观念已经深入我的骨子里，即使面对滑坡的威胁，我

第六章 能力-认知-避灾行为选择机制

也不愿搬走了，我的祖祖辈辈在这里，我的根在这里。"

由表6-4和表6-5可知，就灾害风险认知而言，研究结果部分与研究假设H2一致，灾害风险认知对两种不同情形下农户搬迁意愿的影响有略微差异。具体而言，在表6-4中，与研究假设H2部分相符，可能性维度得分和威胁性维度得分均与农户搬迁意愿正向显著相关，而可控性维度得分与农户搬迁意愿负向显著相关。研究结果表明，农户感知滑坡发生的可能性越大，威胁性越高，其搬迁意愿越强烈，农户觉得滑坡的可控性越高，其不搬迁意愿越强烈。在模型6中，在其他条件不变的情况下，滑坡发生可能性和威胁性每增加1分，农户搬迁意愿分别平均增加0.04和0.03个等级；可控性每增加1分，农户搬迁意愿平均减小0.01个单位。有趣的是，与研究假设H2部分不一致，担忧和未知子维度与农户搬迁意愿相关关系不显著。可能原因是农户存在侥幸心理，认为自身受灾的可能性较小。因此，即使担忧灾害的发生也不愿意搬迁。在表6-5中，研究结果与表6-4存在略微差异。在表6-5中，除了可能性、可控性和威胁子维度与农户搬迁意愿相关关系显著外，农户对灾害的担忧也会影响其搬迁意愿。具体而言，农户对灾害发生的担忧得分越高，其越倾向于搬迁。担忧子维度得分每提高1分，农户自愿搬迁可能性平均增加0.01个等级（模型6）。

由表6-4和表6-5可知，就农户能力而言，与研究假设H3部分一致，农户能力对两种不同情形下农户搬迁意愿的影响存在明显差异。在表6-4中，表征农户能力的3个指标均与其搬迁意愿间无显著相关关系。而在表6-5中，农户恢复力与给定补贴条件下农户自愿搬迁意愿间负向显著相关，即农户恢复力越强，其不搬迁意愿越强烈。具体而言，农户恢复力每增加1分，农户愿意搬迁的可能性平均减小0.02个等级（模型6）。从两种不同情境下农户搬迁意愿的结果来看，给农户设定一定条件（如给补贴），促使其自愿搬迁的意愿要比政府强迫搬迁命令下农户的搬迁意愿要强得多。给农户设定一定条件，让农户有了盼头。然而，注意到即使农户在设定条件下搬迁意愿增强了，但农户能力与自愿搬迁意愿的关系还是显著为负，农户能力与自愿搬迁意愿间的关系还受灾害风险认知一些维度的调节。正如调研中的某个对象所说："政府给补贴，看给多少。要是把房子问题给解决了，即使再舍不得这里（家乡），该搬还是要搬啊。你不搬咋个整呢（怎么办呢）？灾害马上就要来了得哇。不过，政府要是只补贴一点钱，搬走后修房子零头都抵不了（搬走后补贴的钱远远不够修房用），哪个（谁）愿意搬走呢。一是因为舍不得，二是灾害来了可能也冲不垮房子，顶多只是土地受点灾。土地受灾不影响嘞，有些还可以恢复得哇。即使不能恢复，现在还有多少农村人在种地？都是靠年轻人出去打工挣钱养家……"

由表6-4和表6-5可知，就交互项结果而言，与部分研究假设H4一致，农户地方感和能力可通过灾害风险认知一些维度的调节，间接影响其搬迁意愿。具体而言，在表6-4中，农户的地方依赖、地方认同和可能性交互项的回归系数均为正，表明构建交互项的两个连续变量与农户搬迁意愿间存在着相互促进的作用。农户认为灾害发生的可能性变大会进一步增强其地方依赖和地方认同。同理，农户认为灾害的威胁越大会进一步减弱其地方认同。在表6-5中，可能性与地方认同以及恢复力的交互项回归系数为正，表明构建交互项的两个连续变量与农户搬迁意愿间存在着相互促进的作用。农户认为灾害发生的可能性变大会进一步增强其地方认同和恢复力。这有可能是农户意识到灾害发生的可能性增大，会提前做好一些防灾准备，进而提升其在灾害中的恢复力。同理，可控性与恢复力间交互项回归系数为负，表明构建交互项的两个连续变量与农户搬迁意愿间存在着相互削弱的关系，即农户认为灾害的可控性越强，其恢复力会相应的减弱。这可能是农户意识到灾害的威胁降低而有意识的减少避灾准备，使得其恢复力减弱。

由表6-4和表6-5可知，就控制变量而言，与研究假设H5不一致，被访者个人特征在两种不同情形下与农户搬迁意愿均无稳健的显著相关关系。表6-4中，农户受教育年限与其搬迁意愿间负向显著相关，但结果不稳健；在表6-5中，农户性别与其搬迁意愿间负向显著相关，但结果依然不稳健。

综合上述分析，可以得到政府强迫搬迁命令下农户搬迁意愿驱动机制框架（图6-2）和给定补贴条件下农户自愿搬迁意愿驱动机制框架（图6-3）。

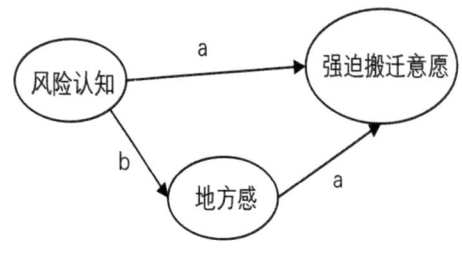

图6-2 强迫搬迁下农户搬迁意愿驱动机制

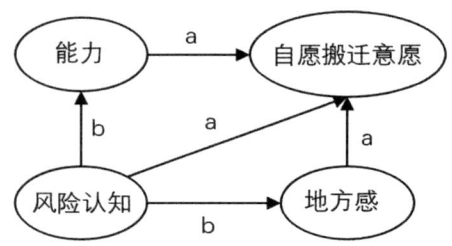

图6-3 给定补贴条件下农户自愿搬迁驱动机制

第六章 能力-认知-避灾行为选择机制

表6-3 模型自变量间相关系数矩阵

变量	1	2	3	4	5	6	7	8	9	10	11	12	13	14	15	16
可能性	1.00															
担忧	0.00	1.00														
未知	0.00	0.00	1.00													
可控性	0.00	0.00	0.00	1.00												
威胁	0.00	0.00	0.00	0.00	1.00											
地方依赖	-0.05	0.01	0.03	0.12^b	-0.02	1.00										
地方认同	-0.14^a	0.14^b	0.03	0.13^b	-0.09	0.00	1.00									
地方依恋	-0.09^c	0.19^a	-0.01	-0.02	0.06	0.00	0.00	1.00								
教育年限	-0.14^b	-0.01	-0.15^a	0.07	0.05	-0.08	0.01	0.04	1.00							
受灾经历	0.16^a	0.08	0.07	0.03	0.16^a	-0.04	0.01	-0.02	-0.09	1.00						
性别	-0.01	0.12^a	0.07	0.02	-0.15^a	0.04	0.05	0.12^b	-0.19^a	-0.06	1.00					
年龄	0.00	-0.09^c	0.07	-0.07	-0.04	0.14^a	0.06	-0.07	-0.34^a	0.00	-0.09^c	1.00				
距离	0.12^b	0.03	0.02	0.07	-0.09	-0.04	0.02	-0.05	-0.01	-0.02	-0.01	0.01	1.00			
信息1	0.02	-0.03	0.14^a	0.04	0.14^a	-0.05	-0.06	-0.08	-0.01	0.12^b	-0.07	-0.01	-0.03	1.00		
信息2	0.07	0.12^b	-0.33^a	-0.04	-0.15^a	0.02	0.02	0.16^a	0.03	0.05	-0.05	-0.03	0.01	-0.65^a	1.00	
信息3	-0.10^c	-0.09^c	0.18^a	-0.04	-0.02	0.04	0.06	-0.06	-0.03	-0.20^a	0.14^b	0.04	0.02	-0.58^a	-0.25^a	1.00

注:信息1、信息2和信息3分别对应信息获取渠道:1=仅从自己亲朋好友,2=仅从政府/媒体,3=两者都有;a、b、c分别表示变量间相关关系在0.01、0.05和0.1水平上显著。

表6-4 政府强迫搬迁条件下农户的搬迁意愿及其驱动因素回归结果①

变量	模型1	模型2	模型3	模型4	模型5	模型6
地方依赖*可能性						0.000 3*
						(0.00)
地方认同*可能性						0.000 3**
						(0.00)
地方认同*威胁						−0.000 5**
						(0.00)
可能性	0.043 8***				0.042 2***	0.042 0***
	(0.00)				(0.00)	(0.00)
担忧	0.002 8				0.005 0	0.003 9
	(0.00)				(0.00)	(0.00)
未知	−0.001 8				−0.001 2	0.000 4
	(0.00)				(0.00)	(0.00)
可控性	−0.015 2***				−0.013 2***	−0.013 5***
	(0.00)				(0.00)	(0.00)
威胁	0.030 0***				0.029 7***	0.029 4***
	(0.00)				(0.00)	(0.00)
地方依赖		−0.015 0***			−0.011 8***	−0.011 8***
		(0.00)			(0.00)	(0.00)
地方认同		−0.020 0***			−0.009 2***	−0.007 6**
		(0.00)			(0.00)	(0.00)
地方依恋		−0.000 8			0.000 6	0.000 7
		(0.00)			(0.00)	(0.00)
恢复力			−0.011 4		0.008 5	0.006 4
			(0.01)		(0.01)	(0.01)
暴露			0.045 5		0.013 8	0.014 7

续表

变量	模型1	模型2	模型3	模型4	模型5	模型6
			(0.03)		(0.03)	(0.03)
敏感性			0.001 4		−0.008 5	−0.008 4
			(0.02)		(0.01)	(0.01)
性别				−0.170 9	0.033 9	0.032 7
				(0.16)	(0.12)	(0.12)
年龄				−0.004 0	0.004 8	0.005 6
				(0.01)	(0.01)	(0.01)
受教育年限				−0.049 8**	−0.019 5	−0.018 6
				(0.02)	(0.02)	(0.02)
灾害经历				0.361 2	−0.154 0	−0.083 0
				(0.26)	(0.18)	(0.18)
距离				0.014 3	−0.070 6	−0.055 9
				(0.16)	(0.12)	(0.12)
官方信息[②]				−0.035 8	0.041 4	0.007 1
				(0.17)	(0.16)	(0.16)
所有信息[②]				−0.269 6	−0.079 8	−0.073 4
				(0.20)	(0.14)	(0.14)
常数项	0.134 5	5.867 3***	3.541 6***	3.841 9***	1.136 0*	0.995 2
	(0.43)	(0.47)	(0.33)	(0.56)	(0.65)	(0.66)
F统计量	76.06***	11.59***	1.13	1.53	30.65***	28.80***
观察值个数	348	348	348	348	348	348
R^2	0.47	0.09	0.01	0.03	0.50	0.52

① 括号里的数据为稳健标准误；*** $p<0.01$，** $p<0.05$，* $p<0.1$ 分别表示在0.01、0.05和0.1水平上显著；为了模型的简洁性考虑，在展示交互效应结果时，研究只交代了显著的交互效应。

② 与表6-1编码对应，官方信息指信息仅仅来源于政府/媒体，所有信息指信息既可以来源于自身、亲朋好友，又可来源于政府或媒体，二者均以信息仅来源于自身/亲朋好友组作对比。

表6-5　给定补贴条件下农户自愿搬迁行为及其驱动因素回归结果①

变量	模型1	模型2	模型3	模型4	模型5	模型6
地方认同*可能性						0.000 4**
						(0.00)
恢复力*可能性						0.001 2***
						(0.00)
恢复力*可控性						−0.001 6***
						(0.00)
可能性	0.029 3***				0.027 7***	0.025 4***
	(0.00)				(0.00)	(0.00)
担忧	0.006 8*				0.007 7**	0.006 0*
	(0.00)				(0.00)	(0.00)
未知	0.001 1				0.001 9	0.003 1
	(0.00)				(0.00)	(0.00)
可控性	−0.010 0***				−0.006 4**	−0.006 3**
	(0.00)				(0.00)	(0.00)
威胁	0.018 3***				0.016 9***	0.015 8***
	(0.00)				(0.00)	(0.00)
地方依赖		−0.008 2***			−0.005 5**	−0.006 5**
		(0.00)			(0.00)	(0.00)
地方认同		−0.016 3***			−0.010 2***	−0.009 0***
		(0.00)			(0.00)	(0.00)
地方依恋		−0.002 8			−0.002 5	−0.001 7
		(0.00)				
恢复力			−0.034 7***		−0.022 9**	−0.016 4*
			(0.01)		(0.01)	(0.01)
暴露			0.033 6		0.014 0	0.016 5
			(0.03)		(0.02)	(0.02)

第六章 能力-认知-避灾行为选择机制

续表

变量	模型1	模型2	模型3	模型4	模型5	模型6
敏感性			0.009 5		0.005 7	0.001 0
			(0.01)		(0.01)	(0.01)
性别				−0.254 2**	−0.141 0	−0.121 6
				(0.13)	(0.11)	(0.10)
年龄				0.001 0	0.005 7	0.005 3
				(0.01)	(0.00)	(0.00)
受教育年限				−0.025 3	0.011 0	0.003 4
				(0.02)	(0.02)	(0.02)
灾害经历				0.200 6	−0.141 5	−0.135 9
				(0.19)	(0.16)	(0.15)
距离				0.015 1	−0.103 2	−0.097 3
				(0.13)	(0.11)	(0.11)
官方信息②				0.010 8	0.054 8	0.090 5
				(0.14)	(0.12)	(0.11)
所有信息②				−0.101 7	−0.002 6	0.008 4
				(0.17)	(0.14)	(0.13)
常数项	1.595 6***	6.069 1***	4.539 6***	4.283 1***	2.678 3***	2.896 4***
	(0.42)	(0.37)	(0.27)	(0.44)	(0.56)	(0.53)
F统计量	32.43***	9.00***	3.93***	1.07	13.10***	13.17***
观察值个数	348	348	348	348	348	348
R^2	0.32	0.07	0.06	0.02	0.38	0.44

①括号里的数据为稳健标准误;*** $p<0.01$,** $p<0.05$,* $p<0.1$ 分别表示在 0.01,0.05 和 0.1 水平上显著;为了模型的简洁性考虑,在展示交互效应结果时,研究只交代了显著的交互效应。

②与表 6-1 编码对应,官方信息指信息仅仅来源于政府/媒体,所有信息指信息既可以来源于自身、亲朋好友,又可来源于政府或媒体,二者均以信息仅来源于自身/亲朋好友组作对比。

2 农户能力、认知及灾害保险行为选择

2.1 理论框架与研究假设

已有研究常将影响农户购买灾害保险意愿的因素分为个人特征、家庭特征和灾害风险认知。然而，不同的研究得到的结果并不统一。本研究在前文文献综述基础上，结合研究区实际，提出本研究的基本假设和农户购买山地保险意愿及其驱动机制研究框架（图6-4）。

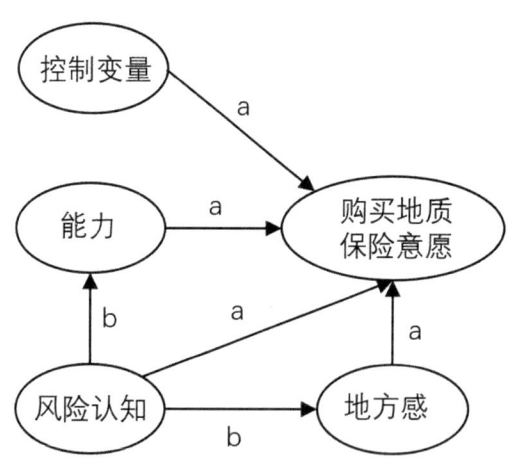

图6-4 农户购买山地灾害保险意愿及其驱动机制研究框架

H11：农户地方感各维度（包括地方认同、地方依恋和地方依赖）得分越高，其购买山地灾害保险的意愿越强。

H12：农户觉得灾害发生的可能性越大、威胁性越大，越担忧，未知得分越高，其购买山地灾害保险的概率越大，觉得灾害的可控性越强购买山地灾害保险的可能性越小。

H13：农户应对灾害的能力会显著影响其避灾准备。暴露、敏感性和恢复力

第六章 能力–认知–避灾行为选择机制

得分越高，购买山地灾害保险的可能性越大。

H14：农户的地方感和能力除了直接对其购买山地灾害保险有显著影响外，还可能通过灾害风险认知的调节作用间接地对山地灾害保险购买意愿有显著影响。

H15：被访者的个人和家庭特征（性别、年龄、受教育程度、灾害经历、信息获取渠道和距离）会显著影响其山地灾害购买意愿，然而其作用方向并不明确。

2.2 实证检验

2.2.1 模型指标的选取

在此部分，本研究的因变量为农户购买山地灾害保险意愿，以探究政府在山地灾害威胁区推行山地灾害保险的可能性。因变量以1~5级的李克特量表测度，即如果政府要在村子实现山地灾害保险，若购买了该保险，可以一定程度上弥补受灾损失，您是否愿意购买？（1=非常不愿意–5=非常愿意）。农户能力、地方感和灾害风险认知是研究关注的核心变量，其具体测度见前文介绍。控制变量的选取借鉴Kunreuther（2006）、Wang等（2012）、Jin等（2016）等研究对影响农户购买保险意愿因素的设定。各个变量的具体定义和测度详见表6-1。

2.2.2 计量经济模型的建构

同探究农户能力、认知与其搬迁行为决策相关关系一样，在此部分，为了模型结果解释的方便，研究也使用OLS探究农户能力、认知与购买山地灾害保险意愿间的相关关系。回归过程通过Stata 11.0实现，标准误采用稳健标准误。建立的计量经济模型方程如下：

$$Y = \alpha + \beta_1 * 农户能力 + \beta_2 * 地方感 + \beta_3 * 风险认知 + \beta_4 * 控制变量 + \beta_5 * 交互项 + \epsilon \tag{6.2}$$

式中，Y 表示农户购买山地灾害保险的意愿，α 和 β_i 为模型待估参数，ϵ 为模型残差。

2.2.3 计量经济模型回归结果

由1.5部分的相关系数矩阵可知（表6-3），自变量间不存在严重的多重共线性。表6-6显示的是农户购买山地灾害保险意愿及其驱动机制的计量经济模型回归结果。为了检验模型变量的稳健性，研究一共构建了6个回归模型。其中，模型1、模型2、模型3和模型4分别表示只纳入灾害风险认知、地方感、农户能力和其他控制变量时模型的结果，模型5是将灾害风险认知、地方感、农户能力和其他控制变量全部纳入时模型的结果，模型6是在模型5的基础上加入显著交互项后的结果。由于各个交互项回归系数均不显著，所以研究并没有将模型6单独列出。由模型结果可知，除了地方感各维度以及年龄的回归结果不稳健外，模型其余变量结果均稳健。由F统计量可知，所有模型的整体显著性检验均通过，表明在各个模型中，至少有1个自变量与因变量相关关系显著。此外，模型自变量对因变量变异的解释比例在2%和32%之间，最终模型（模型5）达到32%。

表6-6 农户购买山地灾害保险意愿及其驱动因素回归结果[①]

变量	模型1	模型2	模型3	模型4	模型5
可能性	0.035 5***				0.035 0***
	(0.00)				(0.00)
担忧	0.008 9**				0.008 3**
	(0.00)				(0.00)
未知	0.000 2				0.001 4
	(0.00)				(0.00)
可控性	-0.005 6*				-0.007 5**
	(0.00)				(0.00)
威胁	0.015 0***				0.014 3***
	(0.00)				(0.00)
地方依赖		-0.007 9*			-0.004 3
		(0.00)			(0.00)

第六章 能力-认知-避灾行为选择机制

续表

变量	模型1	模型2	模型3	模型4	模型5
地方认同		-0.008 4*			-0.004 0
		(0.01)			(0.00)
地方依恋		0.005 3			0.006 2*
		(0.00)			(0.00)
恢复力			0.020 2*		0.030 4***
			(0.01)		(0.01)
暴露			0.077 6**		0.061 0**
			(0.03)		(0.03)
敏感性			0.033 1**		0.015 6
			(0.01)		(0.01)
性别				-0.236 1	-0.179 2
				(0.16)	(0.14)
年龄				-0.015 4**	-0.006 3
				(0.01)	(0.01)
教育年限				-0.012 4	0.009 5
				(0.02)	(0.02)
灾害经历				0.196 1	-0.330 8
				(0.25)	(0.22)
距离				0.450 5***	0.255 0*
				(0.15)	(0.14)
官方信息[②]				0.249 2	0.252 4
				(0.19)	(0.17)
所有信息[②]				0.051 2	0.191 7
				(0.21)	(0.19)
常数项	0.367 5	4.172 6***	2.288 5***	4.178 1***	0.116 9
	(0.51)	(0.47)	(0.31)	(0.56)	(0.81)
F统计量	31.67***	2.66**	7.69***	2.65**	14.69***
观察值个数	348	348	348	348	348
R^2	0.24	0.02	0.06	0.05	0.32

①括号里的数据为稳健标准误;*** $p<0.01$,** $p<0.05$,* $p<0.1$ 分别表示在0.01、0.05和0.1水平上显著;

②与表6-1编码对应,官方信息指信息仅仅来源于政府/媒体,所有信息指信息既可以来源于自身、亲朋好友,又可来源于政府或媒体,二者均以信息仅来源于自身/亲朋好友组作对比。

就地方感而言，与研究假设H11不符，地方依赖、地方认同和地方依恋与农户购买山地灾害保险意愿间相关关系并不稳健。比如，在模型2中，地方依恋与农户购买山地灾害保险意愿相关关系不显著，而在加入其他控制变量后（模型5），两变量间相关关系变得显著了。这表明，地方感可能不是影响农户购买山地灾害保险的重要因素。

就灾害风险认知而言，与大部分研究假设H12相符，农户感知灾害发生的可能性、对灾害发生的担忧和对灾害威胁的感知均与购买山地灾害保险意愿正向显著相关，而农户对灾害的可控性感知与购买山地灾害保险意愿负向显著相关。具体而言，在模型5中，在其他条件不变的情况下，滑坡发生可能性、农户担忧和威胁感知得分每增加1分，农户购买山地灾害保险意愿平均增加0.04、0.01和0.01个等级。农户对灾害的可控性感知每增加1分，农户购买山地灾害保险意愿平均减少0.01个等级。此外，与研究假设H12不相符，农户未知维度得分与购买山地灾害保险意愿间相关关系不显著。由此可见，农户对灾害的风险认知是其购买山地灾害保险行为决策的重要影响因素。

就农户能力而言，与研究假设H13基本相符，农户能力的各个维度均与其购买保险意愿正向显著相关。只是敏感性维度的回归结果不稳健。具体而言，在模型5中，在其他条件不变的情况下，农户暴露和恢复力得分每增加1分，农户购买山地灾害保险意愿平均增加0.06和0.03个等级。此外，在模型3中，敏感性维度得分每增加1分，农户购买山地灾害保险意愿平均增加0.03个等级。由此可见，农户的能力也是其购买山地灾害保险行为决策的重要影响因素。

就交互项结果而言，与研究假设H14不一致，在农户山地灾害保险购买意愿及其驱动机制研究中，农户灾害风险认知与地方感和农户能力间并不存在调节效应，各自只通过直接的作用影响农户购买山地灾害保险决策。

就控制变量而言，与部分研究假设H15相符，农户家到灾害点的距离是影响其山地灾害保险购买意愿的重要因素。具体而言，距离灾害点10米范围以内的农户，其购买山地灾害保险意愿比10米范围以外的农户平均高25%。同时，注意到在模型4中，农户年龄与山地灾害保险购买意愿间负向显著相关。然而，此相关关系结果并不稳健。在模型5中，农户年龄与山地灾害保险购买意愿间相关关系不显著。此外，被访者性别、受教育程度、不同山地灾害信息获取渠道均与其山地灾害保险购买意愿相关关系不显著。

综合上述分析，可以得到以下农户能力、认知及其山地灾害保险购买意愿研究框架（图6-5）。

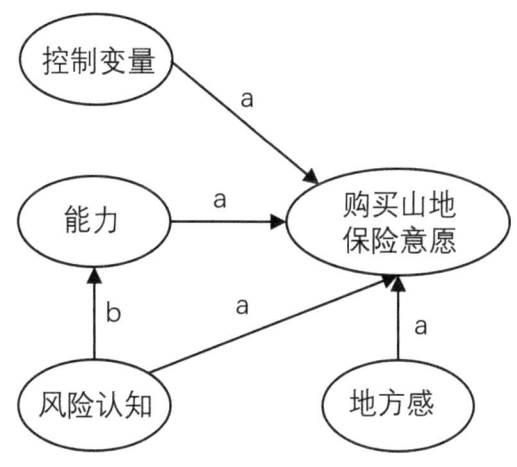

图6-5 农户能力、认知及其山地灾害保险购买意愿研究框架

3 农户能力、认知及避灾准备行为选择

3.1 理论框架与研究假设

已有研究常从被访者个人特征、家庭特征、灾害风险认知和地方感角度探究其避灾准备及其驱动机制。本研究利用三峡库区滑坡威胁区农户调研数据，构建计量经济模型探究农户能力、地方感和灾害风险认知在其避灾准备中的具体作用机制。与本研究农户搬迁意愿及驱动机制研究部分相对应，根据前文综述及提出的研究框架，结合研究区实际，研究提出农户避灾准备及其驱动机制研究框架示意图（图6-6）并做出如下基本假设：

H6：农户地方感各维度（包括地方认同、地方依恋和地方依赖）得分越高，其有避灾准备的可能性越大。

H7：农户的灾害风险认知会显著影响其避灾准备概率。农户觉得灾害发生的可能性越大、威胁性越大，农户越担忧，未知得分越高，其避灾准备概率越大；农户觉得灾害的可控性越强，其有避灾准备的概率越小。

H8：农户应对灾害的能力会显著影响其避灾准备。暴露、敏感性和恢复力得分越高，农户有避灾准备的概率越大。

H9：农户的地方感和能力除了直接对其搬迁准备有显著影响外，还可能通过灾害风险认知的调节作用间接地对避灾准备有显著影响。

H10：被访者的个人和家庭特征（性别、年龄、受教育程度、灾害经历、信息获取渠道和距离）会显著影响其避灾准备，然而其作用方向并不明确。

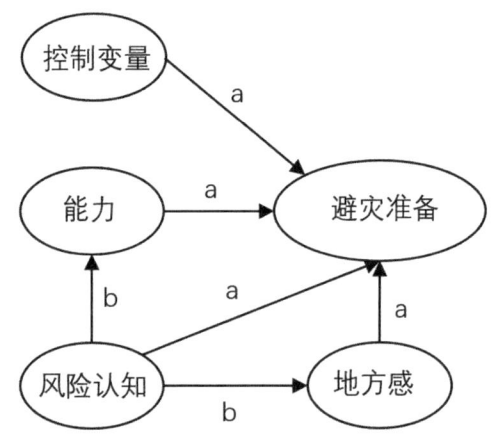

图6-6　农户避灾准备及其驱动机制框架示意图

3.2　实证检验

3.2.1　模型指标的选取

在此部分，本研究的因变量为农户避灾准备，研究以面临滑坡灾害威胁，农户是否有准备相应的避灾措施（如准备避灾物品，有意识地学习防灾减灾知识）

第六章 能力－认知－避灾行为选择机制

测度。农户能力、地方感和灾害风险认知是研究关注的核心变量，其具体测度见前文介绍。控制变量的选取借鉴Edwards（1993），Collins（2008），Miceli等（2008），Fischer（2011），Brenkert-Smith等（2012）等研究对影响农户避灾准备因素的设定。各个变量的具体定义和测度详见表6-1。

3.2.2 计量经济模型的建构

由于因变量农户是否有避灾准备是一、二分类变量，研究采用二分类logistic回归模型来构建农户能力、认知与避灾准备间的计量经济模型。回归过程通过Stata 11.0实现，标准误采用稳健标准误。与一般的OLS不同，logistic回归要求残差分布服从logistic分布，本研究进行基本logistic转换后建立的计量经济模型方程如下：

$$\log it(Y) = \alpha + \beta_1 * 能力 + \beta_2 * 地方感 + \beta_3 * 风险认知 + \beta_4 * 控制变量 + \beta_5 * 交互项 + \epsilon$$

（6.3）

$$Y = \frac{\exp(\beta_0 + \beta_1 * 能力 + \cdots + \beta_5 * 交互项)}{1 + \exp(\beta_0 + \beta_1 * 能力 + \cdots + \beta_5 * 交互项)}$$

$$1 - Y = \frac{1}{1 + \exp(\beta_0 + \beta_1 * 能力 + \cdots + \beta_5 * 交互项)}$$

式中，Y表示农户是否有避灾准备，α和β_i为模型待估参数，ϵ为模型残差。

3.2.3 计量结果

由相关系数矩阵可知（表6-3），自变量间不存在严重的多重共线性。表6-7显示的是农户是否有避灾准备及其驱动机制的计量经济模型回归结果。为了检验模型变量的稳健性，研究一共构建了6个回归模型。其中，模型1、模型2、模型3和模型4分别表示只纳入灾害风险认知、地方感、农户能力和其他控制变量时模型的结果，模型5是将灾害风险认知、地方感、农户能力和其他控制变量全部纳入时模型的结果，模型6是在模型5的基础上加入显著交互项后的结果。由结果可知，除了灾后经历等个别变量，模型关注变量的结果均稳健。由Wald统计量可知，所有模型的整体显著性检验均通过，表明在各个模型中至少有1个自变量与因变量相关关系显著。此外，模型自变量对因变量变异的解释比例在3%~23%，最终模型（模型6）达到23%。

表6-7 农户避灾准备及其驱动机制回归结果①

变量	模型1	模型2	模型3	模型4	模型5	模型6
敏感性*可能性						0.003**
						（0.00）
可能性	0.02***				0.02***	0.03***
	（0.01）				（0.01）	（0.01）
担忧	0.00				−0.01	−0.01
	（0.01）				（0.01）	（0.01）
未知	−0.01				−0.02**	−0.01*
	（0.01）				（0.01）	（0.01）
可控性	−0.01*				−0.03***	−0.03***
	（0.01）				（0.01）	（0.01）
威胁	0.01				0.01	0.01
	（0.01）				（0.01）	（0.01）
地方依赖		0.01*			0.02***	0.02***
		（0.01）			（0.01）	（0.01）
地方认同		0.02**			0.02*	0.02*
		（0.01）			（0.01）	（0.01）
地方依恋		0.02*			0.02**	0.02**
		（0.01）			（0.01）	（0.01）
恢复力			0.02		0.03	0.03
			（0.02）		（0.02）	（0.02）
暴露			0.19***		0.24***	0.24***
			（0.05）		（0.07）	（0.07）
敏感性			0.07***		0.06**	0.06**
			（0.02）		（0.03）	（0.03）

第六章 能力－认知－避灾行为选择机制

续表

变量	模型1	模型2	模型3	模型4	模型5	模型6
性别				−0.21	−0.22	−0.30
				(0.27)	(0.30)	(0.31)
年龄				0.02	0.02	0.02
				(0.01)	(0.01)	(0.01)
教育年限				0.03	0.06	0.06
				(0.04)	(0.05)	(0.05)
灾害经历				1.39***	0.94*	0.80
				(0.48)	(0.53)	(0.52)
距离				0.81***	0.64**	0.60**
				(0.27)	(0.30)	(0.31)
官方信息②				1.00***	0.94***	0.82**
				(0.29)	(0.36)	(0.37)
所有信息②				0.67*	0.86**	0.89**
				(0.35)	(0.39)	(0.40)
常数项	−1.79	−3.81***	−3.38***	−3.86***	−9.36***	−6.98***
	(1.15)	(0.88)	(0.58)	(0.98)	(2.05)	(1.84)
Wald统计量	14.74***	11.14***	27.62***	33.14***	54.27***	58.51***
观察值个数	348	348	348	348	348	348
Pseudo R^2	0.04	0.03	0.08	0.08	0.21	0.23

①括号里的数据为稳健标准误；*** $p<0.01$，** $p<0.05$，* $p<0.1$ 分别表示在0.01、0.05和0.1水平上显著；为了模型的简洁性考虑，在展示交互效应结果时，研究只交代了显著的交互效应。

②与表6-1编码对应，官方信息指信息仅仅来源于政府/媒体，所有信息指信息既可以来源于自身、亲朋好友，又可来源于政府或媒体，二者均以信息仅来源于自身/亲朋好友组作对比。

就地方感而言，不管是在模型1还是在模型6中，地方依赖、地方认同和地方依恋均与农户是否有避灾准备正向显著相关，这与研究假设H6完全一致。农户地方依赖、地方认同和地方依恋各个维度得分越高，农户有避灾准备的可能性越大。具体而言，在模型6中，当其他条件不变时，地方依赖、地方认同和地方依恋每增加1分，农户有避灾准备的概率平均分别增加2%、2%和2%（$0.02=1-e^{-0.02}$）。由此可见，地方感是影响农户是否有避灾准备的重要因素。

就灾害风险认知而言，与部分研究假设H7相符，农户感知滑坡发生的可能性与其是否有避灾准备正向显著相关，而可控性与其是否有避灾准备负向显著相关。此外，未知维度感知得分的回归结果不稳健。在模型1中，该变量与农户是否有避灾准备相关关系不显著，而在模型6中，该变量与农户是否有避灾准备负向显著相关。具体而言，模型6中，在其他条件不变的情况下，滑坡发生可能性每增加1分，农户有避灾准备的概率平均增加3%。可控性每增加1分，农户有避灾准备的概率平均减小3%（$0.03=1-e^{-0.03}$）。此外，与部分研究假设H7不相符，农户对滑坡灾害的担忧和威胁感知得分与其是否有避灾准备间相关关系并不显著。可能的原因是农户存在侥幸心理，虽然担忧灾害的发生以及感知到灾害的威胁，但认为灾害发生在自己身上的可能性较小。正如调研中某位被访者所说："我们这虽然被政府划定为滑坡威胁区，要是滑坡发生了也的确会对我们老百姓造成损失，比如土地被摧毁啊、土墙房子被冲毁等，但我住在这里一辈子（几十年）都没有发生过滑坡，可能还是不得发生哦！即使发生了，离我家也还有一段距离，我家受灾的可能性比较小，哪个（谁）去准备避灾的东西呢？"就农户能力而言，与部分研究假设H8相符，农户能力中的暴露和敏感性与其是否有避灾准备正向显著相关，而恢复力得分与农户是否有避灾准备相关关系不显著。具体而言，在模型6中，在其他条件不变的情况下，农户暴露和敏感性得分每增加1分，农户有避灾准备的概率平均增加27%（$0.27=e^{0.24}-1$）和6%个等级（$0.06=e^{0.06}-1$）。由此可见，暴露得分是影响是否有避灾准备的关键因素。在本研究中，暴露得分高的农户，其面临外部的风险冲击更强，相对也更贫困。有的家庭已经经不起灾害的冲击了。因此，暴露得分高的农户，其有避灾准备的概率相对越大。同时，敏感性也是影响农户是否有避灾准备的重要因素。农户面临外部风险冲击，家庭内部出现相应状况（敏感性强），可能才会采取相应的避灾准备措施。而对于恢复力比较强的农户，其抵抗外部冲击的能力一般都很强，很多农户家庭收入都以外出务工收入为主，不过多地依赖农业。同时，他们怀着侥幸的心理，认为家庭受灾的可能性小。因此，这部分群体通常没有相应的避灾准备。

就交互项结果而言，与部分研究假设H9一致，农户能力可通过灾害风险认知一些维度的调节，间接影响其避灾准备。具体而言，在模型6中，农户的敏感性

第六章 能力－认知－避灾行为选择机制

和可能性交互项的回归系数均为正，表明构建交互项的两个连续变量与农户避灾准备间存在着相互促进的作用，即农户认为灾害发生的可能性变大会进一步增强其敏感性，进而增加避灾准备的概率。有趣的是，在农户是否有避灾准备的驱动机制中，农户地方感和灾害风险认知均对其是否有避灾准备有直接的显著的相关关系（主效应），而灾害风险认知各维度与地方感各维度交互项并不显著，即在农户是否有避灾准备行为中，灾害风险认知并不能放大或缩小农户的地方感。

就控制变量而言，与部分研究假设H10相符，农户家到灾害点的距离、农户的灾害信息获取渠道与其是否有避灾准备间正向显著相关。具体而言，在距离灾害点10米范围内的农户，其有避灾准备的概率是未在灾害点10米范围内的农户的1.82倍（$1.82=e^{0.6}$）。越靠近山地灾害点，农户的风险感知越强，有避灾准备的概率越大。就灾害信息获取渠道而言，从官方渠道获取灾害信息或从官方和亲朋好友多种渠道获取灾害信息的农户其有避灾准备的概率分别为仅自己获取或仅从亲朋好友处获取灾害信息的农户的$2.27(2.27=e^{0.82})$和$2.44(2.44=e^{0.89})$倍。同时，我们注意到，农户是否有灾害经历与其是否有避灾准备间相关关系结果不稳健。在模型4中，农户是否有灾害经历与其是否有避灾准备间正向显著相关，而在模型6中，两变量间相关关系变得不显著。此外，被访者性别、年龄和受教育年限与家庭是否有避灾准备间相关关系不显著。

综合上述分析，可以得到以下农户能力、认知及避灾准备分析框架（图6-7）。

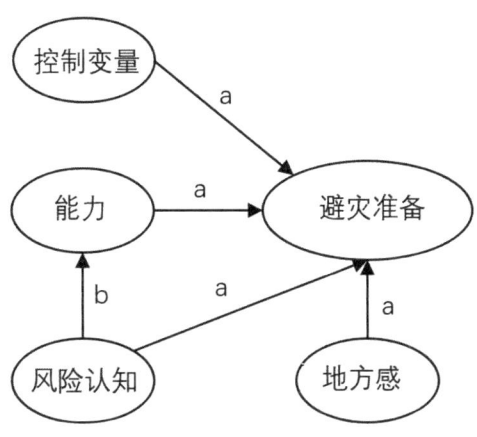

图6-7　农户能力、认知及避灾准备分析框架

4　研究小结

在本章，研究主要在前文提出的农户能力、认知和行为决策分析框架的指导下，构建计量经济模型探究农户能力和认知（包括灾害风险认知和地方感）在其搬迁、避灾准备和购买山地灾害保险决策中的具体作用机制。其中，搬迁行为决策又细分为政府强迫搬迁命令下农户的搬迁意愿，以及给定补贴条件下农户自愿搬迁意愿两种。基于以下几点研究结果，提出农户能力、灾害风险认知和地方感在农户以上三种行为决策中的具体作用机制框架。

（1）就农户能力和认知在其搬迁决策中的具体作用机制结果而言，在不同的情景中（政府强迫搬迁命令下农户的搬迁意愿和给定补贴条件下农户自愿搬迁意愿），农户能力、灾害风险认知和地方感对其搬迁决策的具体作用机制存在差异。在政府强迫搬迁命令下，农户搬迁意愿与其风险认知和地方感相关关系显著，而与农户能力相关关系不显著，且农户灾害风险认知与地方感和农户能力间并不存在调节效应；在给定补贴条件下，农户自愿搬迁意愿与农户能力、灾害风险认知和地方感密切相关，且农户灾害风险认知某些维度会通过对地方感某些维度以及农户能力某些维度产生调节效应进而间接影响其搬迁决策。

（2）就农户能力和认知在其避灾准备决策中的具体作用机制结果而言，农户灾害风险认知、地方感和能力均是其是否有避灾准备的重要决定因素，除了直接效应外，农户能力还可通过灾害风险认知一些维度的调节，间接影响其避灾准备（调节效应）。

（3）就农户能力和认知在其山地灾害保险购买决策中的具体作用机制结果而言，农户能力、灾害风险认知和地方感均是其山地灾害保险购买行为决策的重要影响因素，然而农户灾害风险认知与地方感和农户能力间并不存在调节效应。同时，地方感各维度对农户购买山地灾害保险意愿的作用效果并不稳健。

第7章
微观视角下山地灾害韧性应对策略建议与展望

1 中国山地灾害韧性应对的挑战与机遇

1989年，中国政府响应联合国关于开展国际减灾十年活动的倡议，成立了中国国际减灾十年委员会，2005年更名为国家减灾委员会。我国的防灾减灾事业在近30年间取得了长足的进步，尤其是经历过汶川大地震之后，全社会的防灾减灾意识、能力、理念获得质的飞跃。从减轻灾害转变为减轻灾害风险，将减轻灾害风险与可持续发展相结合，是国际上防灾减灾的总体发展趋势。2015年3月18日，第三次联合国世界减灾大会在日本仙台落下帷幕，会上通过了《2015—2030年仙台减灾框架》。《2015—2030年仙台减灾框架》提出的未来15年全球七大减灾目标是：大幅减少灾难死亡率；大幅减少受灾民众人数；减少经济损失；大幅减少灾害给关键基础设施带来的损失及干扰，包括卫生和教育设施；促进国际合作；此外，联合国还提出了可持续城市和社区理念，旨在建设包容、安全、有风险抵御能力与可持续的城市人类社区。

山地灾害是众多灾害种类中的一种，它的灾害发育明显呈现局地性、潜伏性、突发性、强致死性等特点，这是它与其他灾害的不同，也决定着韧性减灾的特殊方向。同时，对于我国来讲，由于人口多，广大山区的散居聚落分布广泛，

-161-

山地灾害的应对必须考虑自然条件和社会发展的趋势统筹考虑。对于我国的山地灾害的韧性减灾来讲，目前的挑战体现在以下几个方面：

（1）人口数量的巨大和可利用建设用地的匮乏是长期基本的现实国情，与灾害伴生的状况不可能完全消除。

（2）气候变化带来的极端天气事件的增加提高了灾害的发生风险。

（3）监测预警、工程治理、搬迁避险等各种应对灾害的理想措施必须考虑技术经济的合理性。

（4）灾害预警预报技术准确性提升的同时，需要降低误报率。

（5）当地居民对灾害的科学认知和应急应对能力亟待提高。

（6）综合统筹气候变化应对、发展问题和防灾减灾等方面的整体模型和框架的缺失。

当然随着社会经济和科技的发展，从韧性减灾的视角来看同时存在如下较大的机遇：

（1）以川藏铁路等为代表的国家大工程的上马，为减灾防灾研究与实践提供了大量的实际需求和资金支持机会。

（2）乡村振兴、新型城镇化带来的聚落整合为降低灾害风险的影响范围提供了机会，同时聚落重构过程中的防灾设施的建设也是一个重大的机遇。

（3）科学的灾害风险监测、评估、韧性防灾理论与技术的发展为灾害管理提供了新的视角和工具。

（4）目前，乡村人口的空心化已经成为必然的趋势，使得从人民的生命安全角度来看，灾害的暴露性有所下降。

（5）国家对防灾减灾工作的重视持续加强，尤其是应急管理部的成立，为统筹协调防灾减灾工作提供了更强有力的组织支持。

2　基于农户能力-认知-行为决策的综合建议

除了有一定的学术意义外，本研究的研究结果也有较强的现实意义，可以为我国山区山地灾害威胁区聚落精准扶贫、防灾减灾、风险管理等政策的制定提供

第七章　微观视角下山地灾害韧性应对策略建议与展望

参考依据。根据前文分析结果，结合研究区实际，本研究主要提出以下几点政策建议：

（1）政府考虑从减弱山地灾害对农户造成的冲击入手来制定相关政策，通过补贴、加大职业培训和职业中介，鼓励农户从事多样化的经营等手段增强山地灾害威胁区农户抵御风险的能力。同时，通过一定方式（如补贴）合理引导居民搬迁，尤其是对受灾害威胁严重，通过检测手段发现山地灾害发生可能性大的聚落。而对于不能搬迁的聚落（由于资金有限，受威胁聚落多），可考虑实行山地灾害保险，在一定程度上减弱山地灾害冲击给农户造成的心理负担和损失。此政策建议的提出主要基于如下考虑：

我国的扶贫开发已有30年的历史，取得了举世瞩目的成就，然而仍面临着贫困人口基数大、脱贫人口返贫率高的现实问题。2013年，党中央提出精准扶贫概念，并提出2020年实现中国贫困人口全面脱贫的目标。要实现贫困人口的全面脱贫以及保障脱贫人口不返贫，精确的识别外部冲击对农户造成的影响及农户内部的处理能力就显得十分重要。本研究以贫困脆弱性为切入口，构建计量经济模型探究外部冲击对农户贫困脆弱性造成的影响，以及劳动力外出务工对农户外部风险冲击的缓解作用。研究结果可以为我国精准扶贫工作的开展提供一些政策启示。

比如，在外部风险冲击与农户应对能力部分，研究发现山地灾害损失冲击、医疗开支冲击和房屋建设开支冲击是影响农户贫困脆弱性的主要因素。在山地灾害威胁区，房屋建设开支冲击常常是山地灾害发生导致的结果。因此，在山地灾害威胁区，政府可从减弱山地灾害对农户造成的冲击入手来制定相关政策。比如，给没钱修房、房屋是土木结构且距离山地灾害点近、受灾害威胁大的农户一定补贴，使其就地安置或重新改善房屋结构，增强抵抗山地灾害冲击的能力。研究结果还发现，农户抵御外部冲击的有效手段是外出务工，而外出务工者由于人力资本普遍低下（受教育程度低，掌握技能的人少）和社会关系网络同质性强，在市场中缺乏竞争力，易受外部大环境的影响。农户外出务工受到影响，可能就会因为外部冲击而"返贫"，因此保障劳动力外出务工的竞争力很关键。政府仍应加大职业培训和职业中介，鼓励农户从事多样化的经营，增强他们抵御风险的能力。此外，注意到社会关系网络在农户应对外部风险冲击时失灵，这在一定程度上表明受山地灾害威胁的山区聚落很多时候面临的是共性的风险冲击，尤其是山地灾害导致的一系列冲击（如土地被毁、房屋被毁）。要减弱这些冲击对农户造成的影响，政府可考虑通过一定方式（如补贴）合理引导居民搬迁，尤其是对受灾害威胁严重以及通过检测手段发现山地灾害发生可能性大的聚落。而对于不能搬迁的聚落（由于资金有限，受威胁聚落多），可考虑实行山地灾害保险，在一定程度上减弱山地灾害冲击给农户造成的心理负担和损失。庆幸的是，在笔者预调研时，当地领导介绍政府有打算实施此类保险，不过如何实施，保费标准如何制定，农户参与意愿如何等还需开展综合研究。本研究农户购买山地灾害的保险意愿及其驱动机制部分结果可以为此提供一定的参考。

（2）政府应适度加大对山区聚落的投资，尤其是区位条件差、面临山地灾害威胁大且房屋多为土木结构的村落的投资，改善聚落交通、住宿等生产生活条件，通过外部"输血"式投入增强农户自身的"造血"能力。同时，在投资资金分配过程中，要特别注意资金的公平分配，提高资金的使用效率。此政策建议的提出主要是基于前文实证。从农户能力测度的结果来看，研究发现农户暴露和敏感性强而恢复力相对较弱。结合农户能力各测度指标的描述性统计分析结果来看，2014年，51%农户面临滑坡冲击，96%的农户面临大笔的经济开支冲击，58%的农户有债务，27%的农户生活用水有困难，81%的农户仍然使用固态燃料作为做饭的主要燃料，23%的农户房屋结构为土木结构；农户距离市场的平均距离为7.56千米，70%和69%的农户在陡坡和地势起伏度比较大的土地上从事农业生产；农户平均有2.96种谋生方式种类。由此可见，许多山区受山地灾害威胁的聚落因为地形和区位的关系，其生产生活水平并不发达，农户自身"造血"能力不强，易受外界风险冲击的影响（暴露和敏感性强，而恢复力较弱）。同时，我们注意到虽然政府对此类聚落有一定的基础设施建设投资以及防灾减灾投资，然而，投资总量上还相对较少，且区域间存在较大差异。比如，研究发现11个样本村落近5年道路平均投资43.60万元，滑坡治理平均投资40.66万元，群测群防体系平均投资7.07万元。

（3）政府应当适度加大对区域防灾减灾政策的实施力度，从提升居民灾害风

第七章 微观视角下山地灾害韧性应对策略建议与展望

险认知水平入手，让农户科学认知灾害，意识到灾害发生的可能性和威胁性，进而减少政策实施（尤其是搬迁政策实施）过程中农户与政府部门间的摩擦。同时，在加大村落群策群防体系投资力度的同时，应当加强对防灾减灾工作实施过程中的监督和管理，真正将政策落实到位，扩大受山地灾害威胁群众的受众面，有效提高农户自身的抗灾减灾能力。此政策建议的提出主要是基于前文实证。研究发现，农户灾害风险认知对其行为决策（如搬迁、避灾准备）具有重要的影响作用（直接作用和间接作用）。然而，研究也发现农户的灾害风险认知总体水平并不高，相对较低。同时，笔者在调研中发现，很多村落虽然在政府相关部门的领导下组建了群测群防体系，通过在山地灾害点插入警示牌，向山地灾害威胁区内农户发放山地灾害相关知识宣传单，一年组织部分村民做一次灾害逃生演练等方式来提高农户的灾害风险认知水平，很多村落也取得了良好的效果，但是群测群防体系在实施过程中仍出现了一些问题，比如有的村落为了应付上级的检查而流于形式，逃生演练参与群众覆盖面窄（仅有部分农户参与），很多农户受教育程度低而不认识宣传单上的信息，又没有相关的工作人员给予解释等，这在一定程度上减弱了群测群防体系对防灾减灾的作用。

（4）政府在制定搬迁政策时，可考虑从地方感和农户能力角度入手，促使农户搬迁。搬迁后，通过补贴或就业培训等方式提高搬迁农户的生计恢复能力，通过开展活动培育农户对新居住地产生新的地方感，在建设时有意识的保留一些原居住地特色等手段减小搬迁户回流的概率，进而减少居民与政府间的摩擦，使其稳定，能致富。此政策建议的提出主要是通过前文实证。研究发现，除了灾害风险认知，农户能力和地方感对其搬迁行为决策也有重要作用。同时，在政府强迫搬迁命令下农户的搬迁意愿和给予补贴条件下农户的搬迁意愿存在差别，农户能力在以上两种情境下所起的作用并不一致，而地方感所起作用一致。因此，在收到山地灾害预警后组织农户搬迁时，政府相关部门除了从灾害风险认知角度入手，提高农户灾害风险认知，进而促使其搬迁外，还可从地方感和农户能力角度入手，制定相应的政策来促使其搬迁或搬迁后促使其稳定居住，避免回流。

3 利益相关方的作用及着力点

在制定微观视角下的山地灾害韧性应对决策过程中，受到各方利益相关者的影响，利益相关者主要包括各级政府部门、非政府组织（NGO）、学术研究者、保险公司、居民、监测员、村干部等。韧性防灾减灾并不是仅仅依靠政府的支持，而是要充分发挥各利益相关者的重要作用，形成政府主导、多方合力防灾减灾的局面（图7-1）。

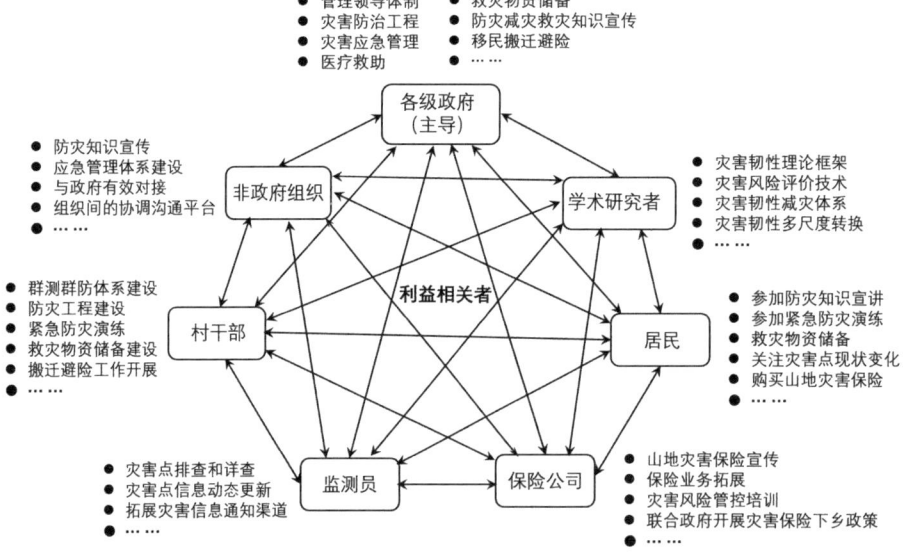

图7-1 利益相关者关系网

3.1 各级政府

政府作为社会资源的分配者和协调者，要强化各部门间统筹协调和整体部署，强调综合防御各类山地灾害事件，形成"政府统一领导，部门分工负责，灾害分级管理，属地管理为主"的山地灾害韧性防灾管理领导机制，建立"安全设防、救灾救济、应急管理、风险转移"四位一体的区域综合灾害风险防范模式（史培军，

第七章 微观视角下山地灾害韧性应对策略建议与展望

2016)。在灾害防治方面，进一步加大灾害防治与管理的财政支持力度，加强山地灾害工程措施、生物措施建设，构建完善的山地灾害监测、预警机制。群测群防体系在山地灾害防治与管理中发挥着积极作用，需要进一步加强群测群防体系的数字化、信息化与网络化建设。在灾害应急管理方面，山地灾害易发地各级人民政府和应急指挥机构可根据灾害事的性质、危害程度和范围，广泛调动社会力量积极参与灾害突发事件的处置，紧急情况下可依法征用、调用车辆、物资、人员等。在防灾宣传教育方面，地方政府可联合其他非政府组织在社区、村委会等组织防灾、减灾、自救知识宣传，开展山地灾害防灾演练，增强居民的防灾和自救意识，进一步降低灾害损失。在医疗救助和物资储备方面，各级政府应依据山地灾害点威胁范围和聚落空间分布合理规划省、市、县、乡镇，甚至社区的医疗救助中心和救灾物资储备库中心，统筹安排和调度医疗救助和救灾应急物资，及时解决受灾群众的医疗救治和生活安置需求。在避灾搬迁方面，各级政府可根据灾害风险程度，积极开展搬迁避险工作，合理规划搬迁安置点，完善农户搬迁补助政策，并配置相应的基础设施。

基于韧性理念的山地灾害防治框架见图7-2。

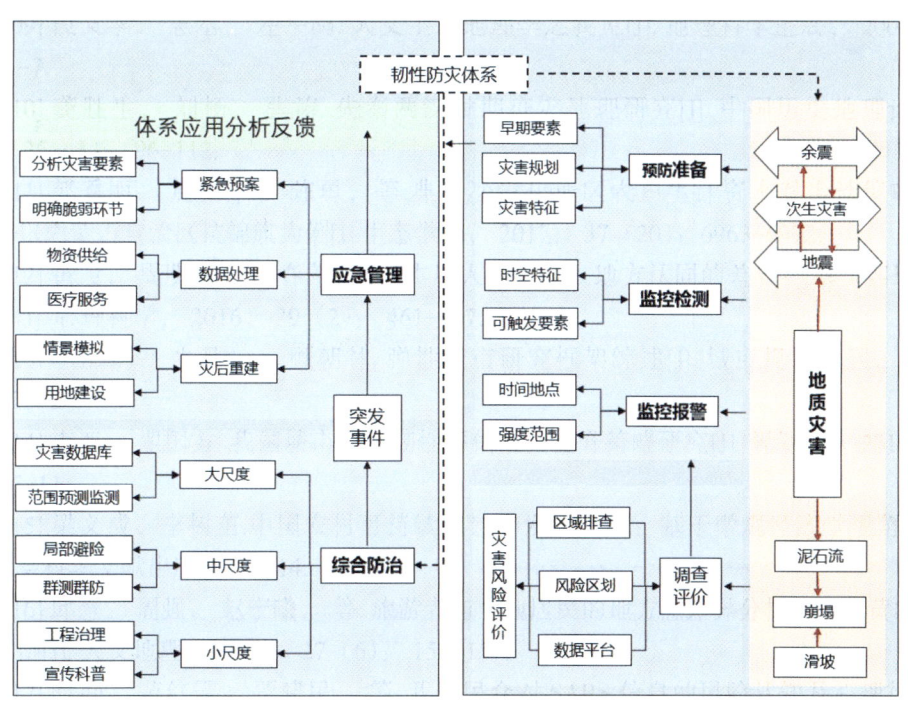

图7-2 基于韧性理念的山地灾害防治框架

3.2 民间及社会力量

在涉及减灾、救灾、应急等方面，民间及社会力量（包括NGO组织）发挥着重要作用。自2008年地震以来，社会力量逐渐成为我国救灾工作的一支重要力量，初步形成了"政府主导、多方参与、协调联动、共同应对"的救灾工作格局。它是具有一定志愿性、公益性，不以营利为目的，具有正规组织形式的社会组织。具体来说，民众自发的应急救灾队伍和各种公益基金会是目前涉及减灾的社会力量的主要形式。其中，我国目前比较活跃的救援队伍包括蓝天救援队、公羊队、菠萝救援队等。2015年10月8日，民政部印发《关于支持引导社会力量参与救灾工作的指导意见》，明确了"政府主导，统筹协调；鼓励支持，引导规范；效率优先，就近就便；自愿参与，自助为主"的发展原则。以"6·17"长宁地震紧急救灾为例，社会力量在整个过程中发挥了重要的作用（图7-3）。

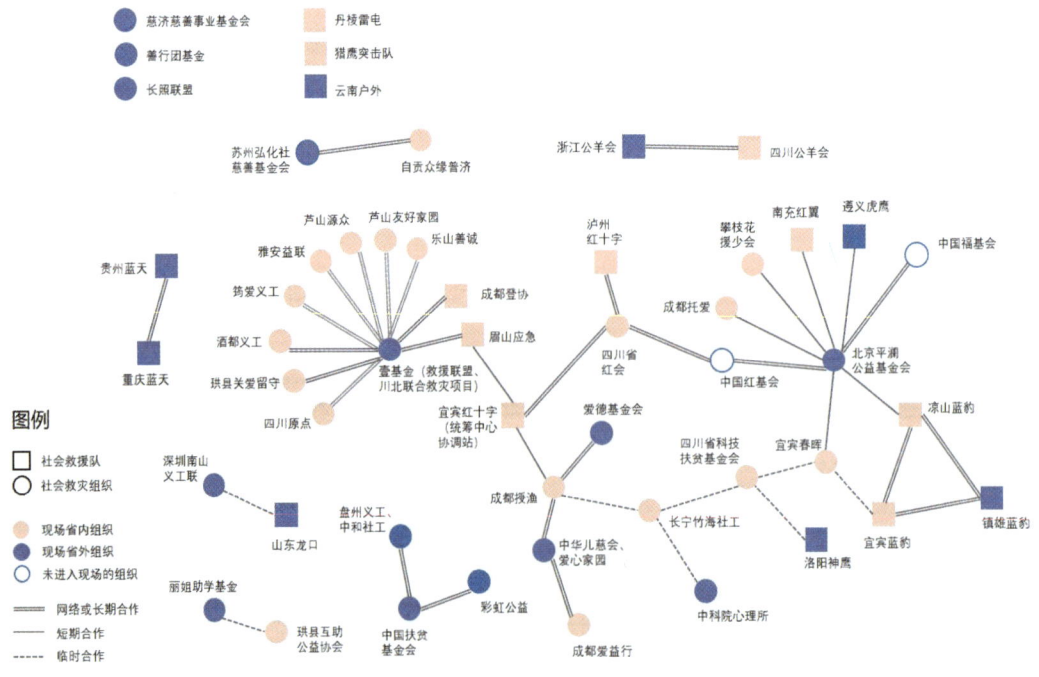

图7-3 社会组织网络合作图
（"6·17"长宁地震紧急救灾，引自郝南制图）

第七章 微观视角下山地灾害韧性应对策略建议与展望

民间及社会力量在山地灾害韧性防灾中扮演中重要角色，充分发挥其作用对于推动山区韧性减灾工作具有重要意义。首先，应倡导民间及社会力量以主体视角参与山地灾害应急管理体系建设，积极学习贯彻落实政策法规与政府进行有效对接，不断完善民间及社会力量自身在紧急预案、体制、机制的定位，特别是地方的非政府组织，规范有序开展防灾减灾救灾活动。其次，民间及社会力量可针对居民防灾意识普遍不高的实际，结合防灾减灾日，联合政府机构开展灾害知识专题教育和相关的防灾减灾活动，加强防灾减灾知识宣传，提高居民主动防灾减灾意识，推动事后应急向事前预防的转变。最后，民间及社会组织之间应在政府构建的组织协调平台上，加强双向有效沟通，根据救灾信息发布平台做好协调分工工作，促进灾害救助更加高效有序，避免因缺乏沟通导致救灾重复行动。

3.3 学 者

学术研究者在山地灾害风险识别、灾害风险管理、灾害韧性建设等方面的深入研究可为提升山地灾害韧性提供科学依据与决策服务支撑。学者未来可以进一步加强以下研究：首先，需要加强灾害韧性内涵和理论框架的研究，进一步厘清山地灾害韧性与脆弱性、适应性等概念之间的区别与联系，构建更加完善的山地灾害韧性研究理论体系；其次，需要开展多尺度的山地灾害风险评价，明确山地灾害风险的形成机制和机理，明确综合防治的技术经济可行性，尤其是经济性；最后，学者应该增强与当地居民（灾害威胁对象）、政府、社会力量的沟通合作，考虑不同主体视角对灾害的反应，实现社会网络的整体韧性增强。总而言之，灾害韧性的研究目前仍还处于起步阶段，对于灾害韧性的研究还较为薄弱，尤其是微观视角下的研究。学术研究者应开展多尺度的山地灾害韧性研究，逐渐建立能够描述个人、群体、社区、区域的灾害韧性模型，实现灾害韧性在多尺度空间的转换；同时强化在灾害韧性应对策略方面的转换，为直接指导韧性减灾工作提供更实用的工具。

3.4 保险公司

灾害保险是降低居民灾害损失的一种有效途径，世界许多国家开展的巨灾金融工作充分证明了在政府的支持下，实施巨灾保险、巨灾债券和巨灾彩票，是一系列行之有效的灾害风险防范的金融措施。瑞士再保险Sigma报告显示，2018年全球灾害造成的总经济损失估计为1550亿美元，其中自然灾害损失1460亿美元，人为灾害损失90亿美元。在经济损失总额中，保险覆盖了790亿美元，占比超过50%，保险业对减轻巨灾风险做出了巨大贡献。我国2017年1月印发的《国务院关于推进防灾减灾救灾体制机制改革的意见》提出，"要充分发挥市场机制作用……不断扩大保险覆盖面，完善应对灾害的金融支持体系"，"鼓励各地结合灾害风险特点，探索巨灾风险有效保障模式"。但实际上我国的巨灾保险仍处在初级发展阶段，表现为保险赔付在巨灾损失中占比较低。巨灾保险制度的要素包括：巨灾风险损失主体的风险责任、保险利益、制度结构等基本要素，保险解决方案和产品的保障范围等条件，以及制度的执行等机制。对于山地灾害来说，大多数灾害事件的损失规模都不足以达到巨灾的级别，因为需要探索一个合理的保险制度。从心理上，灾害保险在一定程度上可以改变居民对山地灾害的风险认知，缓解居民恐惧与担忧心理。然而，在我们前期的实地调研中可以发现，农户对于山地灾害保险的了解程度还比较低，购买意愿也比较弱。总体上，对抗风险能力弱、最需要巨灾保险保障的农村房屋和农民群体，可以参照政策性农业保险模式，争取中央财政提供保费补贴政策支持，形成整个社会抗风险的合力和巨灾风险损失的有效平滑。从具体举措上，首先，保险公司应加大对灾害保险的宣传力度，适时推出多类型的灾害保险业务，联合政府共同开展灾害保险下乡惠民政策，力争将灾害影响范围的居民纳入灾害保险的参保范围。其次，保险公司应加强与政府的联动，特别是针对山地灾害应对经验不足、防灾设施薄弱的地区，通过参与政府防灾救灾工作，赠送防灾物资，政企合作，既协助政府落实了防灾工作，又为客户提供了良好的防灾服务，达到减少灾害损失，降低灾害赔付的目的。最后，建立防灾防损管理制度，固化防灾防损工作，坚持"防重于赔、以防为主、赔防结合"的原则，加强保险公司的风险管控培训，使其掌握风险管理知

第七章 微观视角下山地灾害韧性应对策略建议与展望

识和技能，具备风险决策的能力，逐步建立专业化的风险人才队伍。

3.5 当地居民主体

居民作为山地灾害的直接威胁对象，是灾害损失的主要承担者，增强居民防灾减灾意识可以最大限度减轻灾害损失。根据前述研究，居民的灾害风险认知、地方感（地方依赖、地方依恋、地方依附）、生计状况等因素对居民的应灾行为选择具有重要的影响。首先，居民应积极参加政府或者非政府组织举办的防灾减灾知识教育，学习专业的防灾、减灾和自救知识，提升防灾意识，积极参加当地村庄防灾演练，熟悉逃生路线。其次，居民应养成关注新闻、地方媒体等关于灾害相关报道的习惯，主动掌握灾害信息。同时，实时关注灾害点变化情况，调整耕作方式，并及时向监测员、村干部或社区干部反应自己发现的最新灾害动向情况，并做好防范准备，争取将灾害损失降低到最低。再次，积极做好灾害预防措施，长期储备矿泉水、手电、雨伞、雨衣和食品等物资，以积极应对山地灾害。最后，居民可根据灾害点的影响范围和灾情大小购买不同类型的山地灾害保险，拓展降低灾害风险的有效途径。

3.6 监测员

在长期的实践中，群测群防体系是我国防灾减灾工作的有效手段，也是中国特色的有效防灾举措之一。监测员是群测群防体系的核心角色，山地灾害的监测员承担着监测灾害点的动态变化情况和第一时间预警的重要任务。实际上，目前绝大多数灾害点的灾害监测人员同时也是当地的村民，他们既是灾害威胁对象，也是灾害的监测员。天然的保护家园的思想使得监测人员拥有巨大的责任心。未来在具体举措方面，首先，政府应统筹做好山地灾害调查和隐患排查工作，增强隐蔽性较强山地灾害隐患点的识别能力，实现灾害点信息向监测员的动态更新，使其掌握灾害风险底数和变化特征。其次，通过对监测员开展灾害知识的相关培训，增强其对灾害规律的科学认知能力，同时应该加强新科技装备的配备，使得监测员能够最快地传达、汇报、反馈灾害信息。最后，目前部分地区的监测员的津贴过低，未来要保证监测员的监测津贴的稳定到位，使得监测员能够稳定提高收入，不至于为了生计外出打工。

3.7 村干部

村干部处于聚落层面的防灾救灾的第一线，一方面承接上级政府信息、部署，另一方面组织安排下级村民行动。从微观视角来看，村干部也是当地村民，也是灾害威胁对象，其承担着具体的防灾减灾救灾的组织重任。首先，村干部应积极学习灾害相关知识，选择安全的避灾点，制定适宜的逃生路线，并定时组织存在开展防灾逃生演练。其次，应完善群测群防体系建设，实时关注本村灾害点的变化情况，对风险较大的灾害点定期检查和排查。再次，村干部要及时协助政府开展的搬迁避险的工作，对于地方依恋感特别强而不愿搬迁的居民要进行耐心疏导，降低由山地灾害导致的生命财产损失。最后，政府需要针对村干部在防灾救灾方面的表现设计相应的奖惩举措，进一步激励村干部的主观能动性。

4 未来相关研究展望

微观视角下的山地灾害韧性应对是一个复杂的研究话题，从利益相关方尤其是受威胁主体的视角进行系统性的研究，对减轻灾害风险，制定减灾对策来讲有重要的学术和现实意义。本研究建立了农户能力—认知与行为决策分析框架，在农户微观问卷调研的基础上，从农户能力和认知双重视角出发，定量揭示了农户能力、地方感和灾害风险认知在其行为（搬迁、避灾准备、购买保险等）等决策中的作用，取得了一定的进展。但是就微观视角下的山地灾害韧性应对而言，未来仍有很多研究话题值得我们关注，亟待更多的国内学者参与到这个主题中，挖掘更深层次、更全面的作用机制。

（1）揭示农户能力、认知及其行为决策间的动态因果关系是未来研究的一个

第七章 微观视角下山地灾害韧性应对策略建议与展望

重要方向，但它的实现需要基于面板数据来揭示。从静态来看，本研究结果表明农户能力和认知（包括灾害风险认知和地方感）与其行为选择间存在显著的相关关系，是其重要的影响因素。然而，如果从动态来看，第一期农户能力会直接影响其行为，可通过认知的调节间接影响其行为。然而，在第二期，农户的行为会反过来影响其认知和能力（如劳动力外出务工使得家庭现金收入增加，提高了家庭的金融资本）（图7-4右边图虚线箭头部分）。因此，从理论上而言，农户能力、认知与其行为选择间存在互为因果的相关关系。本研究基于截面数据完成了图7-4左边图研究框架的验证。在将来的研究中，可考虑使用面板数据来动态揭示农户能力、认知及其行为选择间的动态因果关系。需要注意的是，面板数据是需要对原有被访户进行回访采集，这里存在几个技术难题：第一，由于目前农村人口流动的频繁（尤其是外出务工），对被访户进行回访经常遇到扑空的情况，难以保证调查样本的完整，而用电话回访又难以保证问卷的质量；第二，由于问卷中存在大量的主观问题，被访者的回答将存在极大的不确定性和随机性，难以形成有效可对比的面板数据。当然，以上技术问题并不是不可解决的问题，只是需要更精准的设计和质量控制。

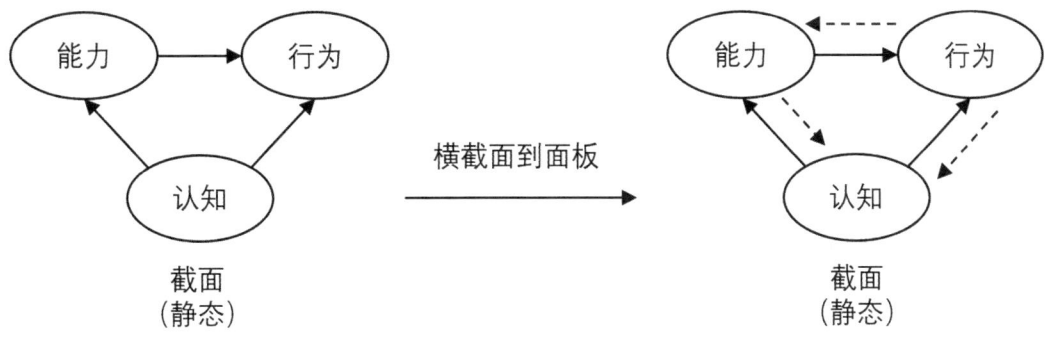

图7-4 从静态到动态的农户能力、认知及行为选择研究框架图

（2）本研究只研究了一个个体的行为决策及其驱动机制，并没有考虑家庭内其他个体、同村落其他农户的行为决策对个体行为决策的影响。具体而言，随机选择农户中的一个个体，调查其认知水平（灾害风险认知和地方感）和个人行为决策（如搬迁），并以一个个体的行为决策去代表整个家庭的行为决策。虽然理论上而言，家庭最终的行为决策会受个体行为决策的影响（与个体行为决策正向

相关),然而个体行为决策可能也受家庭其他个体及村落内其他农户的行为决策的影响。在实地调研过程中我们发现,山地灾害威胁区个体搬迁行为决策属于典型的"同群效应"现象(从众心理),个体行为决策易受家庭其他个体和村落内其他个体的影响,尤其是有能力的领导式人物的影响(图7-5)。然而,本研究却并没有关注农户尺度内部和村落尺度其他农户对个体行为决策的影响,遗漏了一个重要的外生解释变量,将来的研究可在此方面做进一步探索。

图7-5 同群效应示意图

(3)本研究侧重于滑坡这一山地灾害威胁区居民的认知、能力及行为响应,并未与其他山地灾害类型(泥石流、山洪、堰塞湖等)威胁区居民作对比。只关注单一山地灾害类型,得到的结论可能具有一定的局限性。当然,本研究建立的研究框架完全可以推广到其他山地灾害类型威胁区。这样,不同山地灾害类型间居民的认知、能力和行为选择差异就可以进一步作比较研究,并且可以得到灾害类型对微观主体减灾决策的差异化影响机制。这也是未来研究的重要方向。

(4)本研究重点关注了山地灾害威胁区未搬迁农户这一特殊群体,但是没有纳入对已搬迁群体的关注(重点关注其生计恢复、回流行为/意愿及其驱动机制)。虽然在我国众多受山地灾害威胁的山区聚落中,真正受灾并搬迁集中安置的聚落相对较少,但这些聚落是一个个鲜活的典型案例,研究此部分居民回流行为决策及驱动机制可以帮助我们佐证和预判防灾减灾工作中可能出现的相关问题,提前做好防范准备,减少损失。同时,本研究建立的农户认知、能力和行为选择分析框架也可在这类群体回流行为决策及其驱动机制中进行验证。因为从理

第七章　微观视角下山地灾害韧性应对策略建议与展望

论上而言，农户受山地灾害威胁而集中安置后却选择回流，其可能的原因在于新居住地安置机会的不足（即搬迁前后的生计资本差异）、对原居住地深深的地方感和对新居住地的不习惯（新旧居住地地方感的差异），以及对原居住地灾害的认知发生变化（认为灾害已经发生过了，不会再发生了）。集中安置区农户回流行为决策及其驱动机制是否如理论假设中认为的这样还需进一步验证，这需要将来的研究关注这一特殊群体。

（5）个体-家庭-聚落这种嵌套式数据对农户避灾准备行为的作用机制需要异质性的分析方法去揭示。农户避灾行为是理性与非理性综合衡量的结果，已有研究多暗含同一聚落内农户具有同质性假设，并基于传统的分析方法（如OLS/logistic回归模型）去揭示变量与变量间的关系，得到的结论和政策建议可能有失偏颇。然而，聚落内农户与农户间是存在异质性的，要揭示嵌套式数据结构跨尺度的效应需要使用分层的线性/非线性模型才能实现。

参考文献

[1] Adeola F O. Katrina Cataclysm: does duration of residency and prior experience affect impacts, evacuation, and adaptation behavior among survivors? [J]. Environment & Behavior, 2008, 41 (4): 459-489.

[2] Alwang J, Siegel PB, Jorgensen SL. Vulnerability as viewed from different disciplines, social protection unit, human development network[R]. World Bank, 2001.

[3] Anacio DB, Hilvano NF, Burias IC, et al. Dwelling structures in a flood-prone area in the Philippines: sense of place and its functions for mitigating flood experiences[J]. Int J Disaster Risk Reduct, 2016, 15: 108–115.

[4] Antwi-Agyei P, Dougill A, Fraser E, et al. Characterising the nature of household vulnerability to climate variability: empirical evidence from two regions of Ghana [J]. Environment Development & Sustainability, 2013, 15 (4): 903-926.

[5] Armaş I, Avram E. Patterns and trends in the perception of seismic risk. Case study: Bucharest Municipality/Romania[J]. Natural Hazards, 2008, 44 (1): 147-161.

[6] Baker E J. Hurricane evacuation behavior[J]. International journal of mass emergencies and disasters, 1991, 9 (2): 287-310.

[7] Bateman J M, Edwards B. Gender and evacuation: A closer look at why women are more likely to evacuate for hurricanes[J]. Natural Hazards Review, 2002, 3 (3): 107-117.

[8] Bernardo F. Impact of place attachment on risk perception: Exploring the multidimensionality of risk and its magnitude[J]. Estudios de Psicología, 2013, 34 (3): 323-329.

[9] Bonaiuto M, De Dominicis S, Fornara F, et al. Flood risk: the role of neighbourhood attachment[M]. na, 2011.

[10] Born P, Viscusi WK. The catastrophic effects of natural disasters on insurance markets [J]. Journal of Risk and Uncertainty, 2006, 33 (1): 55-72..

[11] Breakwell G M. Social psychology of identity and the self concept[M]. Surrey University Press in association with Academic Press, 1992.

[12] Brenkert-Smith H, Champ PA, Flores N. Trying not to get burned: understanding homeowners' wildfire risk – mitigation behaviors[J]. Environmental Management, 2012, 50 (6): 1139-1151.

[13] Burnside R, Miller DMS, Rivera JD. The impact of information and risk perception on the hurricane evacuation decision-making of greater new orleans residents[J]. Sociological Spectrum, 2007, 27 (6), 727-740.

[14] Calvello M, Papa MN, Pratschke J, et al. Landslide risk perception: a case study in Southern Italy[J]. Landslides, 2016, 13 (2): 349-360.

[15] Cao MT, Xu DD, Xie FT, et al. The influence factors analysis of households' poverty vulnerability in southwest ethnic areas of China based on the hierarchical linear model: A case study of Liangshan Yi autonomous prefecture[J]. Applied Geography, 2016, 66: 144-152.

[16] Casakin H, Hernández B, Ruiz C. Place attachment and place identity in Israeli cities: The influence of city size[J]. Cities, 2015, 42: 224-230.

[17] Chaudhuri S, Jalan J, Suryahadi A. Assessing household vulnerability to poverty from cross-sectional data: A methodology and estimates from Indonesia. Columbia University[J].Department of Economics, Discussion Papers Series 0102-52, 2002: 1-25.

[18] Christiaensen LJ, Subbarao K. Towards an understanding of household vulnerability in rural Kenya[J]. Journal of African Economies, 2005, 14 (4): 520-558.

[19] Chivers J, Flores NE. Market failure in information: the national flood insurance program[J]. Land Economics, 2002, 78 (4): 515-521.

[20] Collins TW. What influences hazard mitigation? household decision making about wildfire risks in Arizona's White Mountains[J]. Professional Geographer, 2008, 60 (4): 508-526.

[21] Covello V T, Merkhofer M W. Risk assessment methods: approaches for assessing health and environmental risks[M]. Environmental and Health Risk Assessment and Management. 1993.

[22] Dallago L, Perkins DD, Santinello M, et al. Adolescent place attachment, social capital, and perceived safety: A comparison of 13 countries[J]. American journal of community psychology, 2009, 44 (1-2): 148.

[23] Dash N, Gladwin H. Evacuation decision making and behavioral responses: individual and household[J]. Natural Hazards Review, 2007, 8 (3): 69-77.

[24] Dercon S. Assessing vulnerability to poverty [R]. Department for International Development. London, 2001.

[25] Devine-Wright P, Howes Y. Disruption to place attachment and the protection of restorative environments: A wind energy case study [J]. Journal of Environmental Psychology, 2010, 30 (3): 271-280

[26] Dominey-Howes D, Minos-Minopoulos D. Perceptions of hazard and risk on Santorini[J]. Journal of Volcanology & Geothermal Research, 2004, 137 (4): 285-310.

[27] Douglas M, Wildavsky A. Risk and culture[M]. California Press Berkeley, CA, 1982.

[28] Downs R M. Geographic space perception: past approaches and future prospects[J]. Progress in geography, 1970, 2 (2): 65-108.

[29] DFID. Sustainable Livelihood Guidance Sheets[R]. London, 1999.

[30] Droseltis O, Vignoles VL. Towards an integrative model of place identification: Dimensionality and predictors of intrapersonal-level place preferences[J]. Journal of Environmental Psychology, 2010, 30 (1): 23-34.

[31] Durage S W, Kattan L, Wirasinghe S C, et al. Evacuation behaviour of households and drivers during a tornado[J]. Natural Hazards, 2014, 71 (3): 1495-1517.

[32] Échevin D. Characterizing poverty and vulnerability in rural Haiti: a multilevel decomposition approach[J]. Mpra Paper, 2011, 65 (1): 131-150.

[33] Edwards ML. Social location and self-protective behavior: implications for earthquake preparedness[J]. International Journal of Mass Emergencies & Disasters, 1993, 11: 293–303.

[34] Eid M, El-Adaway I, Coatney K. Developing a post-disaster insurance profile using an evolutionary game theory[C]. Construction Research Congress, 2016: 1486-1496.

[35] Ellis F. Rural livelihoods and diversity in developing countries[M]. New York: Oxford University Press, 2000.

[36] Eyles J. Senses of place[M]. Warrington: Silverbrook Press, 1985.

[37] Fischer A P. Reducing hazardous fuels on nonindustrial private forests: factors influencing landowner decisions[J]. Journal of Forestry, 2011, 109 (5): 260-266.

[38] Fischhoff B, Slovic P, Lichtenstein S, et al. How safe is safe enough? A psychometric study of attitudes towards technological risks and benefits[J]. Policy sciences, 1978, 9 (2): 127-152.

[39] Fornell C, Larcker DF. Evaluating structural equation models with unobservable variables and measurement error[J]. J Mark Res, 1981, 18: 39–50

[40] Foster J, Thorbecke E. A class of decomposable poverty measures[J]. Econometrica, 1984, 52 (3): 761-766.

[41] Gaillard JC. Alternative paradigms of volcanic risk perception: The case of Mt. Pinatubo in the Philippines[J]. Journal of Volcanology & Geothermal Research, 2008, 172 (3-4): 315-328.

[42] Gerlitz J Y, Macchi M, Brooks N, et al. The multidimensional livelihood vulnerability index - an instrument to measure livelihood vulnerability to change in the Hindu Kush Himalayas[J]. Climate and Development, 2017, 9 (2): 124-140.

[43] Gloede O, Menkhoff L, Waibel H. Shocks, Individual Risk Attitude, and Vulnerability to Poverty among Rural Households in Thailand and Vietnam [J]. World Development,

2015, 71: 54-78.

[44] Gorai AK, Tuluri F, Tchounwou PB. Development of PLS–path model for understanding the role of precursors on ground level ozone concentration in Gulfport, Mississippi, USA[J]. Atmos Pollut Res, 2015, 6(3): 389–397.

[45] Guo SL, Liu SQ, Peng L, et al. The impact of severe natural disasters on the livelihoods of farmers in mountainous areas: a case study of Qingping Township, Mianzhu City[J]. Natural Hazards, 2014, 73(3): 1679-1696.

[46] Günther I, Harttgen K. Estimating Households Vulnerability to Idiosyncratic and Covariate Shocks: A Novel Method Applied in Madagascar[J]. World Development, 2009, 37(7): 1222-1234.

[47] Hajito KW, Gesesew HA, Bayu NB, et al. Community awareness and perception on hazards in Southwest Ethiopia: a cross-sectional study[J]. International journal of disaster risk reduction, 2015, 13: 350-357.

[48] Hahn MB, Riederer AM, Foster SO. The livelihood vulnerability index: A pragmatic approach to assessing risks from climate variability and change—A case study in Mozambique[J]. Global Environmental Change, 2009, 19(1): 74-88.

[49] Hair JF, Sarstedt M, Hopkins L, Kuppelwieser VG. Partial least squares structural equation modeling (PLS-SEM): an emerging tool in business research[J]. Eur Bus Rev, 2014, 26(2): 106–121

[50] Heltberg R, Lund N. Shocks, coping, and outcomes for Pakistan's poor: health risks predominate[J]. The Journal of Development Studies, 2009, 45(6): 889-910..

[51] Herman EM, Shannon LM, Chrispeels MJ. Concanavalin A is synthesized as a glycoprotein precursor[J]. Planta, 1985, 165(1): 23-29.

[52] Hernández B, Hidalgo MC, Salazar-Laplace ME, et al. Place attachment and place identity in natives and non-natives[J]. Journal of environmental psychology, 2007, 27(4): 310-319.

[53] Hernández-Moreno G, Alcántara-Ayala I. Landslide risk perception in Mexico: a research gate into public awareness and knowledge[J]. Landslides, 2017, 14(1): 351-371.

[54] Hidalgo MC, Hernández B. Place attachment: conceptual and empirical questions[J]. Journal of Environmental Psychology, 2001, 21(3): 273-281.

[55] Huang SK, Lindell MK, Prater CS, et al. Household evacuation decision making in response to Hurricane Ike[J]. Natural Hazards Review, 2012, 13(4): 283-296..

[56] IEA. World energy outlook 2006[R]. Paris: OECD/IEA, 2006.

[57] Iwasaki S. Linking disaster management to livelihood security against tropical cyclones: A case study on Odisha state in India[J]. International Journal of Disaster Risk Reduction, 2016,

19: 57-63.

[58] Jin J J, Wang W Y, Wang X M. Farmers' risk preferences and Agricultural Weather Index Insurance uptake in rural China[J]. International Journal of Disaster Risk Science, 2016, 7 (4): 366-373.

[59] Jones E C, Faas A J, Murphy A D, et al. Cross-cultural and site-based influences on demographic, well-being, and social network predictors of risk perception in hazard and disaster settings in Ecuador and Mexico[J]. Human nature, 2013, 24 (1): 5-32.

[60] Jorgensen B S, Stedman R C. Sense of place as an attitude: lakeshore owners' attitudes towards their properties[J]. Journal of Environmental Psychology, 2001, 21 (3): 233-248.

[61] Kobayashi A, Preston V, Murnaghan A M. Place, affect, and transnationalism through the voices of Hong Kong immigrants to Canada[J]. Social and Cultural Geography, 2011, 12 (8): 871-888.

[62] Kunreuther H. Disaster mitigation and insurance: learning from Katrina[J]. The ANNALS of the American Academy of Political and Social Science, 2006, 604 (1): 208-227.

[63] Kyle G T, Absher J D, Graefe A R. The moderating role of place attachment on the relationship between attitudes toward fees and spending preferences[J]. Leisure Sciences, 2003, 25 (1): 33-50.

[64] Lai J C, Tao J. Perception of environmental hazards in Hong Kong Chinese[J]. Risk Analysis, 2003, 23 (4): 669-684.

[65] Lazo J K, Bostrom A, Morss R E, et al. Factors affecting hurricane evacuation intentions[J]. Risk Analysis, 2015, 35 (10): 1837-1857.

[66] Lazo J K, Waldman D M, Morrow B H, et al. Household evacuation decision making and the benefits of improved hurricane forecasting: developing a framework for assessment[J]. Weather & Forecasting, 2010, 25 (1): 207-219.

[67] Lewicka M. Place attachment: How far have we come in the last 40 years?[J]. Journal of environmental psychology, 2011, 31 (3): 207-230.

[68] Li G M. Tropical cyclone risk perceptions in Darwin, Australia: a comparison of different residential groups[J]. Natural hazards, 2009, 48 (3): 365-382.

[69] Lim K Y, Hamilton A J, Jiang S C. Assessment of public health risk associated with viral contamination in harvested urban stormwater for domestic applications[J]. Science of the Total Environment, 2015, 523: 95-108.

[70] Lim M B, Lim H R, Piantanakulchai M et al. A household-level flood evacuation decision model in Quezon City, Philippines[J]. Natural Hazards, 2016, 80 (3): 1539-1561.

[71] Lindell M K, Perry R W. Household Adjustment to Earthquake Hazard: A review of research[J]. Environment and Behavior, 2000, 32 (4): 461-501.

[72] Lindell MK, Perry RW. Communicating environmental risk in multiethnic communities thousand Oaks[M]. Sage Publications, 2003.

[73] Lindell MK, Hwang SN. Households' perceived personal risk and responses in a multi-hazard environment[J]. Risk Analysis, 2008, 28(2): 539-56.

[74] Lindell MK, Lu JC, Prater CS. Household decision making and evacuation in response to hurricane Lili[J]. Natural Hazards Review, 2005, 6(4): 171-179.

[75] Lindell M K, Prater C. S, Wu H C, et al. Immediate behavioural responses to earthquakes in Christchurch, New Zealand, and Hitachi, Japan[J]. Disasters, 2016, 40(1): 85-111.

[76] Mansuri G, Healy A. Vulnerability prediction in rural Pakistan[R].Washington DC: World Bank, 2001.

[77] Marsh HW, Wen Z, Hau KT. Structural equation models of latent interactions: evaluation of alternative estimation strategies and indicator construction.[J]. Psychol Methods, 2004, 9(3): 275-300.

[78] McKercher B, Candace F. Living on the edge[J]. Annals of Tourism Research, 2006, 33(2): 508-524.

[79] Miceli R, Sotgiu I, Settanni M. Disaster preparedness and perception of flood risk: A study in an alpine valley in Italy[J]. Journal of Environmental Psychology, 2008, 28(2): 164-173.

[80] Mishra S, Mazumdar S, Suar D. Place attachment and flood preparedness[J]. Journal of Environmental Psychology, 2010, 30(2): 187-197.

[81] Peng L, Liu SQ, Sun L. Spatial-temporal changes of rurality driven by urbanization and industrialization: A case study of the Three Gorges Reservoir Area in Chongqing, China[J]. Habitat International, 2016, 51: 124-132.

[82] Prohansky HM, Fabian AK, Kaminoff R. Place-identity[J]. Journal of Environmental Psychology, 1983, 3: 57-83.

[83] Relph E. Place and Placelessness[M].London: Pion Limited, 1976.

[84] Riad JK, Norris FH, Ruback RB. Predicting evacuation in two major disasters: Risk perception, social influence, and access to resources[J]. Journal of Applied Social Psychology, 1999, 29(5): 918-934.

[85] Russell J A, Pratt G. A description of the affective quality attributed to environments[J]. Journal of personality and social psychology, 1980, 38(2): 311.: 311-322.

[86] Salamon S. From Hometown to non-town: rural community effects of suburbanization[J]. Rural Sociology, 2003, 68(1): 1-24.

[87] Scannell L, Gifford R. Defining place attachment: A tripartite organizing framework[J].

Journal of Environmental Psychology, 2010, 30 (1): 1-10.

[88] Shah KU, Dulal HB, Johnson C, et al. Understanding livelihood vulnerability to climate change: Applying the livelihood vulnerability index in Trinidad and Tobago[J]. Geoforum, 2013, 47 (2): 125-137.

[89] Sitkin SB, Pablo AL. Reconceptualizing the determinants of risk behavior[J]. Academy of management review, 1992, 17 (1): 9-38.

[90] Slovic P. Perception of risk[J]. Science, 1987, 236 (3): 280-285.

[91] Steele F. The sense of place[M]. Cbi Pub Co, 1981.

[92] Stein R, Buzcu-Guven B, Dueñas-Osorio L, et al. How risk perceptions influence evacuations from hurricanes and compliance with government directives[J]. Policy Studies Journal, 2013, 41 (2): 319-342.

[93] Tobin GA, Whiteford LM, Jones EC, et al. The role of individual well-being in risk perception and evacuation for chronic vs. acute natural hazards in Mexico[J]. Applied Geography, 2011, 31 (2): 700-711.

[94] Trumbo C, Meyer MA, Marlatt H, et al. An assessment of change in risk perception and optimistic bias for hurricanes among Gulf Coast residents[J]. Australian Historical Studies, 2014, 34 (6): 1013-1024.

[95] Tuan YF. Humanistic geography[J]. Annals of the Association of American Geographers, 2015, 66 (2): 266-276.

[96] Tuan Y F. Space and place: humanistic perspective[M]//Philosophy in geography. Springer, Dordrecht, 1979: 387-427

[97] Twigger RCL, Uzzell DL. Place and identity processes[J]. Journal of Environmental Psychology, 1996, 16 (3): 205-220.

[98] Wang M, Liao C, Yang SN, et al. Are people willing to buy natural disaster insurance in China? risk awareness, insurance acceptance, and willingness to pay[J]. Risk Analysis, 2012, 32 (10): 1717-1740.

[99] Wiegman O, Gutteling JM. Risk appraisal and risk communication: Some empirical data from the Netherlands reviewed[J]. Basic and Applied Social Psychology, 1995, 16 (1): 227-249.

[100] Williams DR, Patterson ME, Roggenbuck JW, et al. Beyond the commodity metaphor: examining emotional and symbolic attachment to place[J]. Leisure Sciences, 1992, 14 (1): 29-46.

[101] Williams LJ, Vandenberg RJ, Edwards JR. Structural equation modeling in management research: a guide for improved analysis[J]. Acad Manag Ann, 2009, 3 (1): 543-604.

[102] Xu DD, Peng L, Liu SQ, et al. Influences of migrant work income on the poverty vul-

nerability disaster threatened area: a case study of the Three Gorges Reservoir area, China[J]. International Journal of Disaster Risk Reduction, 2017, 22: 62-70.

[103] Xu DD, Peng L, Su CJ, et al. Influences of Mass Monitoring and Mass Prevention Systems on peasant households' disaster risk perception in the landslide-threatened Three Gorges Reservoir Area, China[J]. Habitat International, 2016, 58: 23-33.

[104] Xu DD, Zhang JF, Rasul G, et al. Household livelihood strategies and dependence on agriculture in the mountainous settlements in the Three Gorges Reservoir Area, China[J]. Sustainability, 2015a, 7 (5): 4850-4869.

[105] Xu DD, Zhang JF, Xie FT, et al. Influential factors in employment location selection based on "Push-Pull" migration theory—a case study in Three Gorges Reservoir Area in China [J]. Journal of Mountain Science, 2015b, 12 (6): 1562-1581.

[106] Zhang Y, Wan GH. An empirical analysis of household vulnerability in rural China[J]. Journal of the Asia Pacific Economy, 2006, 11 (2): 196-212.

[107] Zube EH, Sell JL, Taylor JG. Landscape perception: research, application and theory[J]. Landscape & Planning, 1982, 9 (1): 1-33.

[108] 崔晓明, Ryan C. 欠发达地区居民对旅游影响的感知和态度的实证研究[J]. 西南民族大学学报（人文社科版）, 2010, 31 (8): 187-191.

[109] 段义孚, 志丞, 左一鸥. 人文主义地理学之我见[J]. 地理科学进展, 2006, 25 (2): 1-7.

[110] 龚胜生, 刘杨, 张涛. 先秦两汉时期疫灾地理研究[J]. 中国历史地理论丛, 2010, 25 (3): 96-112.

[111] 郭秀丽, 周立华, 陈勇, 等. 典型沙漠化地区农户生计资本对生计策略的影响——以内蒙古自治区杭锦旗为例[J]. 生态学报, 2017, 37 (20): 6963-6972.

[112] 黄飞, 周明洁, 庄春萍, 等. 本地人与外地人地方认同的差异: 基于四地样本的证据[J]. 心理科学, 2016, 39 (2): 461-467.

[113] 李彤玥, 牛品一, 顾朝林. 弹性城市研究框架综述[J]. 城市规划学刊, 2014, (5): 23-31.

[114] 李亚, 翟国方. 我国城市灾害韧性评估及其提升策略研究[J]. 规划师, 2017, 33 (8): 5-11.

[115] 梁义成, 李树茁. 中国农村可持续生计和发展研究: 基于微观经济学视角[M]. 北京: 社会科学文献出版社, 2014.

[116] 邱慧, 周强, 赵宁曦, 等. 旅游者与当地居民的地方感差异分析——以黄山屯溪老街为例[J]. 人文地理, 2012, 27 (6): 151-157.

[117] 时勘, 范红霞, 贾建民, 等. 我国民众对SARS信息的风险认知及心理行为[J]. 心理学报, 2003, 35 (4): 546-554..

[118] 史培军.灾害风险科学[M].北京：北京师范大学出版社，2016.

[119] 苏筠，张美华，高立龙，等.防洪工程信任对公众水灾风险认知的影响初探——基于长江流域部分地区问卷调查的分析[J].自然灾害学报，2008，17（01）：075-80.

[120] 邰秀军，李树苗.中国农户贫困脆弱性的测度研究[M].北京：社会科学文献出版社，2012.

[121] 邰秀军，罗丞，李树苗，等.外出务工对贫困脆弱性的影响：来自西部山区农户的证据[J].世界经济文汇，2009，(6)：67-76.

[122] 唐文跃.地方感研究进展及研究框架[J].旅游学刊，2007，22（11）.70-77.

[123] 唐文跃，张捷，罗浩，等.九寨沟自然观光地旅游者地方感特征分析[J].地理学报，2007，62（6）：599-608.

[124] 唐文跃.城市居民游憩地方依恋特征分析——以南京夫子庙为例[J].地理科学，2011，31（10）：1202-1207.

[125] 王政.国内风险认知研究文献综述[J].济宁学院学报，2011，32（5）：95-99.

[126] 吴莉萍，周尚意.城市化对乡村社区地方感的影响分析——以北京三个乡村社区为例[J].北京社会科学，2009，2009（2）：30-35.

[127] 杨龙，汪三贵.贫困地区农户脆弱性及其影响因素分析[J].中国人口资源与环境.2015，25（10）：150-156.

[128] 尹立杰，张捷，韩国圣，等.基于地方感视角的乡村居民旅游影响感知研究——以安徽省天堂寨为例[J].地理研究，2012，31（10）：1916-1926.

[129] 俞孔坚，许涛，李迪华，等.城市水系统弹性研究进展[J].城市规划学刊，2015，（1）：75-83.

[130] 余向洋，朱国兴，邱慧.游客体验及其研究方法述评[J].旅游学刊，2006，21（10）：91-96.

[131] 谢晓非，徐联仓.风险认知研究概况及理论框架[J].心理学动态，1995，3（2）：17-22.

[132] 张美华，苏筠，钟景鼐，等.区域减灾能力信任与公众水灾风险认知——基于社会调查及分析[J].灾害学，2008，23（4）：70-75.

[133] 中华人民共和国环境保护部.长江三峡工程生态与环境监测公报（2015）[M].北京：中国统计出版社，2015.

[134] 朱竑，李如铁，苏斌原.微观视角下的移民地方感及其影响因素——以广州市城中村移民为例[J].地理学报，2016，71（4）：637-648

[135] 朱竑，刘博.地方感、地方依恋与地方认同等概念的辨析及研究启示[J].华南师范大学学报：自然科学版，2011，1（1）：1-8.